A MENTE INFLUENTE

Tali Sharot

A MENTE INFLUENTE

O que o cérebro revela sobre nosso poder de mudar os outros

Tradução de Ryta Vinagre

Rocco

Título original
THE INFLUENTIAL MIND
What the Brain Reveals About Our Power to Change Others

Copyright © 2017 by Tali Sharot

Ilustrações: páginas 61; 66, 172, 181 e 193 de Lisa Marie, lisa@saber.net

Esta é uma obra de não ficção. Entretanto, os nomes e as características de identificação de certos indivíduos foram alterados a fim de proteger a privacidade deles, e alguns personagens foram compostos.

Direitos para a língua portuguesa reservados
com exclusividade para o Brasil à
EDITORA ROCCO LTDA.
Rua Evaristo da Veiga, 65 – 11º andar
Passeio Corporate – Torre 1
20031-040 – Rio de Janeiro – RJ
Tel.: (21) 3525-2000 – Fax: (21) 3525-2001
rocco@rocco.com.br | www.rocco.com.br

Printed in Brazil/Impresso no Brasil

Preparação de originais
THADEU C. SANTOS

CIP-Brasil. Catalogação na fonte.
Sindicato Nacional dos Editores de Livros, RJ.

S541m

Sharot, Tali
  A mente influente: o que o cérebro revela sobre nosso poder de mudar os outros / Tali Sharot; tradução de Ryta Vinagre. - 1ª ed. - Rio de Janeiro: Rocco, 2018.

  Tradução de: The influential mind: what the brain reveals about our power to change others
  ISBN 978-85-325-3103-2
  ISBN 978-85-8122-729-0 (e-book)

  1. Influência (Psicologia). 2. Influência social. 3. Mudança de atitude. 4. Neuropsicologia. I. Vinagre, Ryta. II. Título. III. Série.

17-46715   CDD-158.2
                                     CDU-159.922.2

O texto deste livro obedece às normas do
Acordo Ortográfico da Língua Portuguesa.

Para Josh

Sumário

Prólogo: Uma seringa para cavalos   9
O surpreendente, desconcertante e misterioso caso de influência

1. (Prévias) As provas mudam as crenças?   17
   O poder da confirmação e a fraqueza dos dados

2. (Emoção) Como fomos convencidos a ir à Lua   40
   A incrível influência da emoção

3. (Incentivos) Você deve induzir as pessoas à ação pelo medo?   58
   Motivando pelo prazer e paralisando de medo

4. (Instrumentalidade) Como obter poder pelo abandono   81
   A alegria da instrumentalidade e o medo de perder o controle

5. (Curiosidade) O que as pessoas realmente querem saber?   105
   O valor da informação e o fardo do conhecimento

6. (Estado) O que acontece com a mente sob ameaça?   128
   A influência do estresse e a capacidade de superação

7. (Os outros, Parte I) Por que os bebês adoram iPhones?   146
   A força do aprendizado social e a busca da singularidade

8. (Os outros, Parte II) O "unânime" é tão tranquilizador quanto parece?   168
   Como encontrar respostas nas massas insensatas

9. O futuro da influência?   190
   Sua mente em meu corpo

Apêndice: O Cérebro Influente   203

Notas   205

Agradecimentos   221

Prólogo:
Uma seringa para cavalos

O surpreendente, desconcertante e misterioso caso de influência

Você e eu temos um papel em comum. Talvez você nunca tenha parado para pensar nisso, talvez pense o tempo todo. Se você tem um cônjuge, é pai, mãe, ou amigo de alguém, cumpre tal papel. Se é médico, professor, consultor financeiro, jornalista, gerente ou ser humano – também.

Esse dever de que todos compartilhamos é influenciar os outros. Ensinamos a nossos filhos, orientamos nossos pacientes, aconselhamos os clientes, ajudamos os amigos e informamos nossos seguidores nas redes sociais. Agimos assim porque cada um de nós tem experiências, conhecimento e habilidades exclusivos que outros talvez não tenham. Mas será que cumprimos bem esse papel?

Parece-me que as pessoas com a mensagem mais importante, aquelas que têm os conselhos mais úteis, não são necessariamente as que têm o maior impacto. A história recente está repleta desses enigmas, do empresário que convenceu investidores a despejar bilhões em um empreendimento de biotecnologia duvidoso ao político que não conseguiu convencer os cidadãos a brigar pelo futuro do planeta. O que, então, determina se você influi nos pensamentos dos outros ou se é ignorado? E o que determina se os outros mudam aquilo em que você acredita e como você se comporta?

O pressuposto subjacente a este livro é que seu cérebro faz de você quem você é. Cada pensamento que lhe ocorre, cada sentimento que você vive, cada decisão que toma – tudo é gerado pelos neurônios ativados dentro dele. Entretanto, seu próprio cérebro, no alto de seu pescoço, não é inteiramente seu. Ele é fruto de um código que foi escrito, reescrito e editado durante milhões de anos. Se entendermos esse código e por que ele é escrito desse jeito, poderemos prever melhor as reações das pessoas e compreender por que algumas abordagens comuns à persuasão costumam fracassar enquanto outras têm sucesso.

Nas últimas duas décadas, venho estudando o comportamento humano em laboratório. Meus colegas e eu realizamos dezenas de experiências numa tentativa de entender o que leva as pessoas a mudar suas decisões, atualizar as crenças e reescrever suas memórias. Manipulamos sistematicamente estímulos, emoções, contexto e ambientes sociais, depois examinamos o cérebro da pessoa, registramos suas reações corporais e documentamos seu comportamento. Acontece que aquilo que a maioria de nós acredita que vai levar os outros a alterar seus pensamentos e ações está errado. Meu objetivo com este livro é revelar os erros sistemáticos que cometemos quando tentamos mudar a cabeça de alguém, bem como esclarecer o que ocorre nos casos em que somos bem-sucedidos.

Começarei por mim mesma em meu próprio quintal, contando como quase fui convencida a ignorar anos de instrução científica por um homem cuja influência inesperada sobre milhões de pessoas desconcertou muitas delas.

* * *

Na noite do dia 16 de setembro de 2015, por volta das oito da noite, eu estava sentada no sofá de minha sala vendo o segundo debate das primárias republicanas na CNN. A disputa presidencial de 2016 era uma das mais interessantes da história, cheia de surpresas e guinadas inesperadas na trama. Por acaso, também era um estudo fascinante da natureza humana.

O palco central na Biblioteca Presidencial Ronald Reagan, em Simi Valley, na Califórnia, era ocupado pelos dois principais candidatos: o neurocirurgião pediatra Ben Carson e o magnata dos imóveis Donald Trump. Entre as discussões sobre imigração e impostos, o debate se voltou para o autismo.

"Dr. Carson", começou o moderador, "Donald Trump tem ligado pública e repetidamente as vacinas, a vacinação infantil, ao autismo, assunto que, como o senhor sabe, a comunidade médica debate com fervor. O senhor é neurocirurgião pediatra. Deveria o sr. Trump parar de dizer isso?"

"Bom, vou colocar da seguinte maneira", respondeu o dr. Carson. "Foram feitos numerosos estudos e eles não demonstraram que exista alguma correlação entre vacinação e autismo."

"Ele deveria parar de dizer que as vacinas provocam autismo?", perguntou o moderador.

"Expliquei a ele há pouco. Ele pode ler sobre o assunto, se quiser. Creio que é um homem inteligente e tomará a decisão correta depois que tiver conhecimento dos fatos reais", disse o dr. Carson.

Embora nem sempre concordasse com o dr. Carson, nessa questão eu estava com ele. Por acaso, estou familiarizada com a literatura, não só devido a minha profissão de neurocientista, mas também porque sou mãe de dois filhos pequenos, que na época tinham dois anos e meio e sete semanas de idade. Assim, fiquei inteiramente surpresa com minha reação ao que disse Trump.

"Gostaria de uma réplica", disse Trump. "O autismo se tornou uma epidemia. (...) Ficou inteiramente descontrolado. (...) Vocês pegam um lindo bebezinho e *bum!*, quero dizer, parece coisa feita para um cavalo, e não para uma criança. E temos muitos exemplos, gente que trabalha para mim. Outro dia mesmo, uma criança de dois anos, dois anos e meio, uma linda criança, foi tomar a vacina e voltou, e uma semana depois teve uma febre tremenda, ficou muito, mas muito doente, e agora é autista."[1]

Minha reação foi imediata e visceral. A imagem de uma enfermeira inserindo uma seringa para cavalos em meu bebê minúsculo surgiu em minha cabeça e não desapareceu. Ainda que eu soubesse muito bem que a seringa usada na imunização tinha o tamanho normal – eu entrei em pânico.

"Ah, não", pensei. "E se meu filho adoecer?"

Fiquei chocada que essas ideias passassem por minha cabeça. Todavia, a ansiedade, um sentimento por demais conhecido de pais de todos os credos e formações, tomou posse de mim abruptamente.

"Mas, veja bem", disse o dr. Carson, "a questão é que temos provas extremamente bem documentadas de que não existe associação do autismo com a vacinação."

Não importa. Provas, grande coisa. O dr. Carson podia ter citado cem estudos e não teria nenhum efeito na tempestade que explodiu em minha cabeça. Fiquei fixada naquela agulha para cavalos que estava prestes a deixar meu filho muito, muito doente.

Não fazia sentido. Em um pódio estava um neurocirurgião pediatra cuja munição incluía estudos médicos analisados por seus colegas e anos de prática clínica; no outro, um homem de negócios cujos argumentos se reduziam a uma simples observação e à intuição. Entretanto, apesar de meus anos de educação científica, fui convencida pelo último. Por quê?

Eu sabia exatamente por quê. E foi essa percepção que me trouxe de volta à realidade.

Enquanto Carson se dirigia à minha porção "cerebral", Trump visava ao resto. E ele agia segundo as regras – as mesmas deste livro, por acaso.

Trump explorou minha necessidade muito humana de controle e meu medo de perdê-lo. Ele me deu um exemplo do erro de outra pessoa e induziu emoção, que ajudou a alinhar o padrão de atividade em meu cérebro com o dele, tornando mais provável que eu aceitasse seu ponto de vista. Por fim, ele alertou sobre as consequências nefastas de não seguir seus conselhos. Como explicarei neste livro, induzir medo costuma ser uma abordagem fraca à persuasão; na verdade, na maioria dos casos, é mais poderoso induzir esperança. Porém, em duas condições o medo funciona bem: (a) quando o que você tenta induzir é a *in*ação e (b) quando a pessoa diante de você já está ansiosa. Esses dois critérios, neste caso, foram satisfeitos, porque Trump fazia lobby contra a vacinação, e seu público-alvo – pais e mães com filhos pequenos – é o grupo perfeito para o estresse.

O fato de eu entender como Trump afetava meus pensamentos me permitiu depois parar e reavaliar a situação; eu não mudaria de ideia a esse respeito – meu filho mais novo será vacinado, como foi minha filha, antes dele. Mas me perguntei quantos outros pais e mães de primeira viagem foram convencidos por seus argumentos. Também refleti sobre o que teria acontecido se o dr. Carson tivesse sido mais competente ao se voltar para as necessidades, desejos, motivações e emoções das pessoas, em vez de pressupor que elas tomariam a decisão correta depois de receber os fatos.* O dr. Carson falava com milhões de pessoas e perdeu uma oportunidade extraordinária de fazer a diferença. Todos nós encontramos essas oportunidades. Talvez você não tenha o hábito de se dirigir a milhões, mas você se dirige a pessoas todo dia: em casa, no trabalho, dentro ou fora da internet.

A questão é que as pessoas adoram divulgar informações e compartilhar opiniões. É possível ver isso claramente on-line: todo dia, são criados quatro milhões de novos blogs, 80 milhões de novas fotos são publicadas no Instagram e 616 milhões de novos *tweets* são lançados no ciberespaço. Isso representa 7.130 tweets por segundo. Por trás de cada *tweet*, blog e foto carregados na internet está um ser humano como você e eu. Por que milhões de pessoas passam milhões de momentos preciosos todo dia compartilhando informações?

Parece que a oportunidade de transmitir seu conhecimento para os outros tem recompensas íntimas. Um estudo realizado na Universidade de Harvard revelou que as pessoas estavam dispostas a renunciar a dinheiro para que suas opiniões fossem divulgadas a terceiros.[2] Mas, veja bem, não estamos falando aqui de insights brilhantes. Eram opiniões relacionadas a questões comuns, como, por

---

* Um estudo que descrevo no capítulo 1 revela por que a abordagem do dr. Carson provavelmente fracassa e o que ele poderia ter feito em vez disso.

exemplo, se Barack Obama gosta de esportes de inverno e se café é melhor do que chá. Uma varredura do cérebro mostrou que quando as pessoas têm a oportunidade de comunicar suas pérolas de sabedoria aos outros, o centro de recompensa é ativado com força. Vivemos uma explosão de prazer quando partilhamos nossos pensamentos, e isso nos impele à comunicação. É uma característica sofisticada de nosso cérebro, porque garante que o conhecimento, a experiência e as ideias não fiquem sepultados na pessoa que os teve e que, como sociedade, nos beneficiemos dos frutos de muitos intelectos.

Para que isso aconteça, é claro que não basta simplesmente compartilhar. Precisamos provocar uma reação – ao que Steve Jobs apropriadamente se referiu como deixar uma "marca no universo". Sempre que partilhamos nossas opiniões e nosso conhecimento, é com a intenção de causar impacto nos outros. A mudança pretendida pode ser grande ou pequena. Talvez nosso objetivo seja aumentar a consciência para uma causa social, ampliar as vendas, alterar como as pessoas veem as artes ou a política, melhorar os hábitos alimentares das crianças, abalar a percepção que as pessoas têm de si mesmas, aprimorar a compreensão dos outros de como funciona o mundo, aumentar a produtividade de nossa equipe ou talvez apenas convencer o cônjuge a trabalhar menos e se juntar a nós em umas férias nos trópicos.

Mas é aqui que está o problema: abordamos tal tarefa de dentro da nossa cabeça. Quando tentamos criar impacto, pensamos primeiro e sobretudo em nós mesmos. Refletimos sobre o que é convincente para nós, nosso estado mental, nossos desejos e nossos objetivos. Mas é claro que se quisermos influenciar os comportamentos e crenças de quem está diante de nós, precisamos primeiro entender o que se passa dentro da cabeça *dessa* pessoa e acompanhar como funciona o cérebro *dela*.

Veja, por exemplo, o dr. Carson. Como médico e cientista preparado, ele foi convencido por dados demonstrando que as vacinas não provocam autismo. Assim, pressupôs que os referidos dados convenceriam a todos os outros. A espécie humana, porém, não é equipada para reagir a informações sem nenhuma paixão. Os números e a estatística são necessários e maravilhosos para revelar a verdade, mas não bastam para mudar crenças e praticamente são inúteis na motivação à ação. Isso é verdade quer você esteja tentando mudar a cabeça de uma pessoa ou de muitas – toda uma sala de possíveis investidores ou apenas seu cônjuge. Pense na mudança climática: existem montanhas de dados indicando que o ser humano tem seu papel no aquecimento do planeta, entretanto metade da população não acredita nisso.[3] Ou então na política: ninguém convencerá um empedernido correligionário do Partido Republicano de que um presidente do Partido Democrata promoveu o progresso da nação, e vice-versa. E quanto à saúde? Centenas de estudos demonstram que a prática de exercícios faz bem e as pessoas acreditam nisso; entretanto, tal conhecimento falha terrivelmente na hora de nos fazer subir numa esteira ergométrica.

Na realidade, o tsunami de informações que recebemos hoje pode nos deixar ainda menos sensíveis aos dados, porque nos acostumamos a encontrar apoio a qualquer coisa em que quisermos acreditar com um simples clique do mouse. Em vez disso, nossos desejos é que dão forma a nossas crenças. São essas motivações e sentimentos que precisamos explorar para promover mudanças, seja em nós mesmos ou nos outros.

Nas páginas seguintes, descreverei nossos instintos com relação à influência – aqueles hábitos em que recaímos quando tentamos mudar as crenças e comportamentos dos outros. Muitos instintos – de tentar levar as pessoas à ação pelo susto, insistir que o outro está errado ou tentar exercer controle – são incompatíveis com as operações da mente. A principal ideia deste livro é que uma tentativa de mudar a mente dos outros terá sucesso se estiver alinhada com os elementos essenciais que regem nossa forma de pensar. Cada capítulo se concentrará em um entre sete fatores críticos – prévias (por exemplo, crenças anteriores), emoção, incentivos, instrumentalidade, curiosidade, estado de espírito e os outros – e explicará como cada fator pode servir de obstáculo ou ajuda na tentativa de influenciar.

A diferença entre nos familiarizarmos com esses fatores e continuar ignorantes é que a familiaridade permitirá a você avaliar criticamente seu comportamento, quer esteja influenciando ou sendo influenciado. Na maior parte do tempo, assumirei a perspectiva de quem pretende influenciar, mas com frequência inverterei a relação e verei as coisas do ponto de vista de quem é influenciado. O que se passa em seu cérebro quando você ouve a opinião de outra pessoa? É claro que se você entende um lado da moeda, entenderá melhor o outro também.

Ainda temos muita pesquisa a fazer para compreender plenamente os fatores que influenciam nossa mente, mas o conhecimento parcial que já temos é imensamente valioso. Por exemplo, a compreensão de como o sistema de recompensas do cérebro está ligado ao sistema motor revela em quais momentos é maior a probabilidade de as pessoas serem influenciadas por recompensas ou por punições. Saber como o estresse afeta o cérebro explica por que as pessoas ficam mais alarmadas que o normal diante de notícias negativas logo após ataques terroristas.

Por todo o livro, faremos várias vezes a viagem de ida e volta entre corredores de seu cérebro, em que os neurônios estão constantemente se comunicando, e os corredores de meu laboratório, onde registro as reações fisiológicas e de comportamento das pessoas. Também faremos uma excursão ao mundo lá fora: um hospital na Costa Leste dos Estados Unidos que tentava fazer com que a equipe médica higienizasse as mãos e passou do fracasso completo a quase 90% de adesão em um só dia; um lar para idosos em Connecticut em que a saúde dos moradores foi melhorada pelo aumento de seu senso de controle; uma adolescente que, sem saber, induziu sintomas psicossomáticos em milhares de pessoas; e muito mais. Minha pergunta sempre será: *por quê?* Por que uma estratégia provoca uma reação, mas outra não? Por que reagimos a um e ignoramos outro? Se você souber o que leva as pessoas a determinadas reações, terá os instrumentos para resolver desafios específicos que encontrará diariamente em sua vida.

CAPÍTULO 1

AS PROVAS MUDAM AS CRENÇAS? (PRÉVIAS)

O poder da confirmação e a fraqueza dos dados

Thelma e Jeremiah têm um casamento feliz. Eles estão atentos à maioria dos problemas; concordam sobre como criar os filhos e lidar com as finanças; têm as mesmas crenças com relação a política e religião, senso de humor e preferências culturais semelhantes e até partilham a mesma ocupação – ambos são advogados. Isso não surpreende. Pesquisas mostram repetidas vezes que o fator mais importante para prever um casamento duradouro não é a paixão nem a amizade; é a semelhança. Os opostos, ao contrário da crença popular, ou não se atraem, ou não permanecem unidos quando ocorre atração.[1]

Há, porém, um tema em que Thelma e Jeremiah discordam. Isso também não é de impressionar. A maioria dos casais, por mais compatíveis que sejam, discutirá durante anos sobre uma ou outra questão. Talvez sobre se devem ter filhos, quantos terão, como chegar ao equilíbrio entre o trabalho e a vida ou se devem adotar um lagarto ou um porquinho-da-índia como animal de estimação. Para Thelma e Jeremiah, o conflito está sobre onde morar. Thelma nasceu e foi criada na França, Jeremiah nos Estados Unidos. Cada um acredita que seu país natal é o melhor lugar para se constituir uma família.

Thelma e Jeremiah não são os únicos. Levantamentos mostram que, quando indagados quanto ao lugar ideal para morar, trabalhar, criar filhos e se aposentar, a maioria das pessoas diz ser seu país natal. Apenas 13% dos adultos do mundo gostariam de sair permanentemente de seu país.[2] Ao que parece, a grama é mais verde exatamente onde você está. Quando precisam emigrar, as pessoas preferem se mudar para um país vizinho: da França para o Reino Unido, da Áustria para a Suíça.

Infelizmente, não há meio-termo para o problema de Thelma e Jeremiah. Assim como ter meio filho não é a resposta para os casais que discordam se devem expandir sua unidade familiar, Thelma e Jeremiah não têm como construir um lar no oceano Atlântico, a meio caminho entre a Europa e a América do Norte. A única solução, então, é um convencer o outro de que a *sua* visão é a correta.

Talvez você pense que Thelma e Jeremiah são perfeitamente aptos para a tarefa. Como falei anteriormente, ambos são advogados. O trabalho da vida deles é convencer um júri a ficar do seu lado. Eles se empenham na solução de seu problema conjugal como fariam com um problema jurídico profissional – cada um apresenta ao outro dados e números em apoio ao argumento, numa tentativa de esmagar a oposição. Jeremiah mostra a Thelma dados que sugerem que o custo de vida é mais baixo nos Estados Unidos, enquanto Thelma fornece a Jeremiah números dando provas de que os advogados ganham mais na França. Jeremiah manda a Thelma, por e-mail, um artigo argumentando que o sistema educacional é superior nos Estados Unidos, enquanto Thelma encontra um artigo diferente alegando que as crianças são mais felizes na França. Ambos consideram duvidosa a "prova" fornecida pelo outro e se recusam a ceder. Com o passar dos anos, vão ficando cada vez mais aferrados a suas crenças.

A abordagem de Thelma e Jeremiah é igual àquela adotada por muitos de nós. Nosso instinto, quando em uma discussão ou debate, é atacar com munição que revele por que temos razão e o outro lado está errado. Apresentamos de forma articulada nossos argumentos lógicos e os apoiamos com dados sólidos, porque eles nos parecem muito convincentes. Entretanto, pense na última vez em que você discutiu com seu cônjuge ou participou de um jantar festivo que a altas horas se transformou em um debate político.

Você conseguiu cutucar as crenças dos outros? Eles tomaram nota de seus bem pensados argumentos e pesquisaram atentamente as informações? Se suas recordações são autênticas, você deve reconhecer que os dados e a lógica, infelizmente, não são os instrumentos mais poderosos para alterar as opiniões. Quando se trata de uma discussão, nossos instintos estão errados.

A fraqueza dos dados

Seu cérebro, como o da maioria das pessoas, está programado para adorar informações. Isso faz de nossa atual era digital uma celebração explosiva para sua mente. Enquanto a Era Agrícola nos deu acesso mais fácil à nutrição e a Era Industrial aumentou significativamente nossa qualidade de vida, nenhuma outra época proporcionou tanto estímulo para o cérebro como a Era da Informação. É como se finalmente o cérebro humano tivesse conseguido construir seu próprio parque de diversões, com brinquedos emocionantes perfeitamente projetados... para ele mesmo.

Pense nos números: existem 3 bilhões de usuários da internet em todo o mundo; todo dia, produzimos aproximadamente 3,5 bilhões de gigabytes de dados, fazemos 4 bilhões de pesquisas no Google e assistimos a 10 bilhões de vídeos no YouTube. No curto espaço de tempo que você leva para ler esta última frase, 530.243 novas pesquisas são realizadas no Google e 1.184.390 vídeos do YouTube são assistidos em todo o planeta.[3]

Seria possível acreditar que a Revolução Digital cairia como uma luva quando desejamos fazer as pessoas mudarem de ideia. Se elas adoram informações, que melhor jeito de influenciar suas crenças e seus atos do que fornecendo dados? Com o Big Data na ponta de nossos dedos e computadores potentes à disposição, podemos fazer análises para expandir nosso conhecimento, depois compartilhar os dados e números resultantes. Parece simples, não é?

É, até que você tenta apresentar seus dados cuidadosamente coletados e conclusões fundamentadas a quem espera influenciar.

Nesse momento, você logo percebe que os dados em geral não são a resposta quando se trata de mudar o que alguém pensa.

Essa revelação foi um golpe terrível para a cientista que há em mim. Como neurocientista cognitiva, trabalho no cruzamento entre psicologia e neurociência. Como a maioria dos cientistas, adoro dados. Algumas pessoas colecionam pedras preciosas; outras colecionam livros em primeira edição, selos, sapatos, carros antigos ou bonecas de porcelana. Eu coleciono dados. Meus computadores abrigam centenas de pastas com milhares de arquivos, cada um deles contendo fileiras e mais fileiras de números. Cada número representa uma observação: a reação de alguém a um problema de decisão ou sua reação a outro ser humano; outros números indicam a atividade no cérebro de uma pessoa ou a densidade de suas fibras neuronais. Os números, sozinhos, são inúteis. O motivo para eu adorar dados é que aquelas fileiras e mais fileiras de números podem ser transformadas em beleza: gráficos significativos que, de vez em quando, revelam um novo insight emocionante sobre o que faz você e eu, *Homo sapiens*, funcionarmos direito.

Assim, você pode imaginar meu desalento quando soube que todos aqueles números, de várias experiências e observações, apontavam para o fato de que as pessoas não são motivadas por dados, números ou informações. Não é que as pessoas sejam burras; nem que tenhamos uma teimosia ridícula. É que o acesso a muitos dados, ferramentas de análise e computadores potentes é um produto das últimas décadas, enquanto o cérebro que tentamos influenciar é fruto de milhões de décadas. Por acaso, embora adoremos dados, o parâmetro pelo qual nosso cérebro os avalia e toma decisões é muito diferente do parâmetro que achamos que o cérebro deveria usar. O problema com uma abordagem que prioriza informações e lógica é que ela ignora a essência do que nos torna humanos: nossos impulsos, medos, esperanças e desejos. Como veremos, isso representa um problema grave; significa que os dados têm uma capacidade apenas limitada de alterar opiniões arraigadas dos outros. Crenças bem estabelecidas podem ser extremamente resistentes à mudança, mesmo quando são fornecidas provas científicas que as solapem.

O poder da confirmação

Os cientistas Charles Lord, Lee Ross e Mark Lepper recrutaram 48 universitários norte-americanos que ou apoiavam fortemente a pena de morte, ou eram fortemente contrários a ela.[4] Aos participantes foram apresentados dois estudos científicos; um dava evidências relacionadas à efetividade da pena capital e o outro continha dados que mostravam o contrário. Na realidade, ambos os estudos eram falsos. Lord, Ross e Lepper os inventaram, mas os estudantes não sabiam disso. Será que os estudantes achariam os estudos convincentes? Eles acreditariam que os dados forneciam evidências sólidas que deviam alterar suas crenças? A resposta é sim!

Mas só quando o estudo reforçava sua opinião original. Aqueles que apoiavam fortemente a pena de morte acharam que o estudo demonstrando sua efetividade tinha sido bem realizado. Ao mesmo tempo, argumentaram que o outro estudo era mal executado e não convencia. Aqueles que originalmente eram contra a pena de morte avaliaram os estudos de forma oposta. Por conseguinte, os que acreditavam na pena de morte saíram do laboratório apoiando a pena de morte com mais paixão do que nunca, enquanto aqueles contrários a ela terminaram se opondo à pena capital com mais entusiasmo do que antes. Em vez de permitir que as pessoas vissem os dois lados da moeda, o exercício polarizou os envolvidos.

Informações podem levar à polarização de opiniões em domínios que vão do aborto e a homossexualidade ao assassinato de John F. Kennedy.[5] Minha colega Cass Sunstein (diretora do Escritório da Casa Branca para Assuntos de Informação e Regulamentação durante o governo Obama e hoje professora de direito em Harvard) e eu queríamos saber se o mesmo era válido para crenças a respeito da mudança climática.[6] Primeiro, perguntamos a um grupo de voluntários sobre suas opiniões relacionadas com a mudança climática.

(Por exemplo: eles acreditavam que havia as mudanças no clima, e que eram provocadas pelo homem? Apoiavam o acordo de Paris para reduzir as emissões de gases do efeito estufa?) Com base nas respostas, nós os dividimos em crentes fracos e crentes fortes na mudança climática produzida pelo homem. Depois informamos a todos que a estimativa dos climatologistas era de que a temperatura média global aumentaria aproximadamente 3,3 graus centígrados em 2100, e pedimos suas próprias estimativas do provável aumento de temperatura neste mesmo ano.

Em seguida, veio o verdadeiro teste. Metade dos voluntários ouviu que nas últimas semanas importantes cientistas avaliaram os dados e concluíram que a situação era muito melhor do que se pensava anteriormente, sugerindo um provável aumento na temperatura de apenas 0,5 a 2,8 graus. Metade ouviu que nas últimas semanas importantes cientistas reavaliaram os dados e concluíram que a situação era muito pior do que se pensava, sugerindo um provável aumento na temperatura de 4 a 6 graus. Todos os participantes, depois, foram solicitados a dar uma nova estimativa pessoal.

Será que as pessoas mudariam suas estimativas à luz das avaliações de especialistas? Mais uma vez, observamos que elas alteravam sua opinião apenas se recebiam informações que se encaixavam com sua visão de mundo original. Os crentes fracos na mudança climática produzida pelo homem foram influenciados pela notícia reconfortante de que a situação era melhor do que se pensava (sua estimativa caiu em cerca de 0,5 grau), mas a notícia alarmante não teve impacto nenhum em suas novas estimativas. Os mais crentes mostraram o padrão contrário – ficaram mais motivados ao saber que os cientistas agora julgavam a situação ainda pior do que se acreditava antes, porém foram menos influenciados pela notícia de que os cientistas pensavam que o problema não era tão nefasto.

Quando você fornece novos dados a alguém, a pessoa rapidamente aceita as provas que confirmam suas noções preconcebidas (conhecidas como crenças *prévias*) e avalia as contraprovas com um olhar crítico. Como em geral somos expostos a informações e opiniões contraditórias, tal tendência produzirá polarização, que aumentará com o tempo, à medida que as pessoas recebem uma quantidade cada vez maior de informações.[7]

Na verdade, apresentar às pessoas informações que contradizem sua opinião pode levá-las a pensar em contra-argumentos inteiramente novos que fortalecem ainda mais a visão original; isso é conhecido como "efeito bumerangue". Thelma, por exemplo, encontrou muitos defeitos no artigo enviado por Jeremiah, alegando que o sistema educacional era melhor nos Estados Unidos. "O artigo foi escrito por um americano", pensou ela consigo mesma, "e, afinal, o que eles sabem sobre educação? Os americanos ensinam literatura 'moderna' e história 'nova', enquanto ignoram os escritos antigos e as narrativas do Velho Mundo."

Percebeu o que Thelma fez? Não só descartou qualquer prova indesejada, como pensou em novos motivos para que o sistema educacional na França fosse melhor – argumentos que ela jamais havia considerado. Por conseguinte, ela ficou mais confiante em sua convicção inicial. Ser confrontada com provas que pareciam se opor a suas fortes opiniões deixou Thelma pouco à vontade, e assim ela resolveu esse sentimento negativo racionalizando a rejeição à opinião contraditória e reforçando a própria opinião. Por isso, ao se casar com Jeremiah, Thelma tornou-se uma defensora mais ardorosa da França. Se tivesse se casado com seu antigo namorado francês do secundário, desconfio de que teria uma visão menos idealista de seu país natal.

O Google está (sempre) a meu favor

Não existe uma verdade com que todos concordemos. Em uma carta a Jean-Baptiste LeRoy, em 1789, Benjamin Franklin escreveu essa frase famosa: "Nada é mais certo neste mundo do que a morte e os impostos." Franklin tomou essa frase emprestada do escritor inglês Daniel Defoe, que no livro *The Political History of the Devil*

[História política do diabo], de 1726, disse: "Pode-se acreditar mais firmemente nas coisas certas, como a morte e os impostos."[8] Embora a expressão "morte e impostos" seja comumente usada, nenhuma dessas coisas é uma verdade com que todos nós nos adaptemos. Alguns acreditam que a morte pode ser vencida, talvez por criogenia ou engenharia. Mesmo que a gente reconheça que o fim é certo, há muitas versões sobre o que existe do outro lado. E, com certeza, ocorre muita evasão fiscal e há "ativistas anti-impostos", pessoas que desprezam a ideia de que impostos são necessários. Se não existe consenso a respeito da certeza da morte e dos impostos, dá para imaginar que tendemos a discordar em um grande número de outras "verdades".

Se morar na França é melhor do que morar nos Estados Unidos, é uma questão de opinião. Também é uma questão subjetiva se a pena de morte é moralmente correta. O que acontece quando uma divergência envolve fatos concretos? Por exemplo, pense na questão de onde nasceu Barack Obama. A controvérsia sobre o local de nascimento do ex-presidente norte-americano começou em 2008, quando foram divulgados e-mails anônimos questionando se ele era de fato um cidadão natural do país.[9] Se Obama não tivesse nascido nos Estados Unidos, não teria o direito de se candidatar à presidência. As "provas" em apoio a essas alegações logo apareceram na internet. A questão criou tal incêndio na mídia que Obama decidiu abordar o problema de forma direta e forneceu sua certidão de nascimento. Entretanto, não bastou uma certidão legítima de um presidente americano para mudar a opinião das pessoas. Levantamentos mostraram que um percentual nada desprezível dos americanos ainda não estava seguro se Barack Obama tinha o direito de se candidatar.[10]

"Existe um mecanismo, uma rede de desinformação que em uma nova era da mídia pode ser produzida constantemente", observou Obama em 2010. Essa foi sua resposta à revelação de que 20% dos americanos (um quinto da população!) ainda não acreditavam que ele nascera nos Estados Unidos, dois anos depois da eleição.[11]

Por "mecanismo" e "rede", Obama mais provavelmente se referia à tecnologia que impulsiona e divulga desinformação.

No mundo de hoje, a facilidade com que conseguimos encontrar "dados" e "provas" para desacreditar qualquer opinião – e, ao mesmo tempo, revelar novas informações em apoio a nossa – não tem precedentes. É preciso menos de um segundo para que apareçam artigos sugerindo que morangos fazem mal (parece que sua pele fina permite a entrada de substâncias químicas indesejadas) e que manteiga no café faz bem. A última tendência é conhecida como "Café à Prova de Balas". Ao que parece, o Café à Prova de Balas "tem um enorme impacto na função cognitiva" e "manterá você satisfeito, com energia nivelada por seis horas, se você precisar, (...) programando seu corpo para queimar gordura e obter energia o dia todo".[12] Basta outro segundo para encontrar igual número de artigos sugerindo que os morangos na verdade fazem bem, graças a seus ótimos nutrientes, e manteiga no café é uma ideia muito ruim. Parece que a gordura saturada faz bem, mas a espécie humana não evoluiu para ingerir uma quantidade tão grande dela. Por conseguinte, houve relatos de níveis de colesterol drasticamente elevados devido ao Café à Prova de Balas.[13]

Assim, paradoxalmente, a riqueza de informações disponíveis nos torna mais resistentes à mudança, porque é muito fácil encontrar dados em apoio a nossa própria opinião. Isso é válido até para opiniões extremadas, como a crença de que sua própria raça é geneticamente superior à dos outros. Lemos atentamente blogs e artigos que apoiam nossas opiniões e podemos não clicar em links que nos dão uma abordagem diferente.

Mas isso é apenas metade do problema. Não temos consciência de que essas informações seletivas são feitas para nós sem que percebamos. Estamos distraídos para o fato de que em geral recebemos informações filtradas que combinam com nossas crenças preestabelecidas. É assim que funciona: quando você entra com um termo de pesquisa no Google ou em outro mecanismo de busca, obtém resultados que foram customizados para você, de acordo com suas pesquisas anteriores e sua atividade na internet.[14] Em outras palavras, se você é um democrata à procura das mais recentes estatísticas sobre o debate presidencial, sua pesquisa provavelmente lhe dará novos artigos e blogs de democratas que pensam que o candidato democrata se saiu maravilhosamente bem. Os links incluirão novos sites e blogs de opinião que você visitou anteriormente e outros associados com eles. Como nos vinte primeiros resultados você obtém apenas elogios ao desempenho do candidato democrata, fica com a impressão de que o candidato teve um desempenho de destaque. Todos pensam assim. Na verdade, seu *feed* no Twitter e no Facebook dá provas ainda maiores da superioridade de seu candidato, deixando-o cada vez mais confiante no resultado da eleição que se aproxima.

Porém, aqui está a questão: se você for republicano, seu *feed* será muito diferente. Isso porque suas contas no Twitter e Facebook provavelmente estarão associadas com as contas de outros republicanos. Sua pesquisa no Google também lhe dará resultados diferentes. Não só porque o Google usa algoritmos sofisticados para aprender sobre seus interesses e preferências, mas também porque as pesquisas levam em conta sua localização geográfica.[15] O Google quer lhe dar exatamente o que você procura. Ele supõe que o que você procura é semelhante ao que interessa a sua vizinha Riana e diferente do que o Pinto pesquisa do outro lado do planeta, na Uganda. É um pressuposto lógico. Assim, você acaba com links para sites visitados frequentemente por usuários de sua região. Agora, como é mais provável que os republicanos morem em determinados estados e os democratas em outros, sua pesquisa por "debate presidencial" fornece links a sites que apoiam seu candidato (pressupondo que você more em um estado cuja maioria apoia seu partido político preferido). Como isso acontece sem que você perceba, você fica cada vez mais confiante em sua visão política, bem como em suas preferências culturais e crenças científicas.

Esse processo pode nos prejudicar. Como podemos decidir de forma razoável o que é verdade e o que é certo se nem mesmo nos apresentam outras linhas de raciocínio? Há medidas que você pode tomar para minimizar este viés de confirmação induzido pela tecnologia. Eis uma dica: se quiser minimizar buscas na internet customizadas para suas crenças, use a "navegação anônima" ou delete as informações que seu navegador guarda sobre você (como a localização) e desabilite o histórico de navegação. Você também pode ampliar o leque de contas que segue nas redes sociais, incluindo perfis menos óbvios – pessoas que você respeita, mas que defendem posições das quais você discorda. Talvez essas pessoas também passem a seguir você.

Há outro meio artificial pelo qual nossas opiniões podem ser confirmadas sem percebermos. É o "ciclo de *feedback* social". Imagine que você encontrou um novo produto maravilhoso e quer contar sua descoberta emocionante a todos os amigos para que eles também se beneficiem. Digamos que o produto é um novo roteador *wireless* conhecido como "super-roteador". Ele permite conexões muito rápidas por grandes distâncias. Você conta aos amigos e parentes sobre isso e publica no Pinterest, no Instagram e em outras redes sociais. Nos meses seguintes, acontece algo intrigante. Você não para de ouvir conhecidos falando do "super-roteador", tanto pessoalmente como pela internet. "Já ouviu falar daquele roteador *wireless* novo e superpotente?", perguntam eles. "Dizem que pode mudar sua navegação na internet." Essas nem mesmo são pessoas de seu círculo imediato – parece que agora todo mundo sabe do "super-roteador". Porém, talvez você esteja subestimando o quanto deste burburinho foi estimulado por você. Quando compartilhamos com muitas pessoas uma ideia, recomendação ou opinião, algumas compartilharão a informação com outras, que podem compartilhar com outras ainda. Como as redes sociais tendem a ser fortemente entrelaçadas, um dia essas opiniões voltarão a você, só que talvez você não perceba que foi a origem. Em vez disso, pode concluir que muitos outros formaram, de modo independente, exatamente a mesma opinião, fortalecendo ainda mais sua visão.

Usando sua inteligência para distorcer informações

A busca e a interpretação de informações de modo que fortaleçam nossas opiniões preestabelecidas são conhecidas como "viés de confirmação".[16] É um dos vieses mais fortes que existe na espécie humana. Agora que você tem consciência disso, provavelmente observará gente se envolvendo nesse tipo de pensamento todo dia; você as verá desconsiderando argumentos que não servem a elas e adotando aqueles que se encaixam. Porém, você também irá notar que os indivíduos variam nessa tendência; alguns são mais resistentes do que outros. O que faz algumas pessoas apreenderem informações de forma equilibrada, enquanto outras descartam provas que não se coadunam com suas opiniões?

Se você se julga uma pessoa altamente analítica – alguém que tem uma forte capacidade de fazer uso de dados quantitativos e uma boa capacidade de raciocínio –, prepare-se: pessoas com habilidades analíticas mais fortes têm maior probabilidade de distorcer dados a seu bel-prazer do que fazem aquelas com baixa capacidade de raciocínio.[17] Em um estudo, 1.111 americanos de todo o país participaram de uma tarefa on-line. Primeiro, receberam uma bateria de testes padrão para medir suas habilidades matemáticas e o uso da lógica sistemática. Em seguida, receberam um de dois conjuntos de dados. O primeiro supostamente provinha de um estudo sobre um novo tratamento para erupções cutâneas. Os participantes foram solicitados a deduzir, a partir dos dados, se o tratamento auxiliava ou agravava o problema dos pacientes. Para tal, eles precisavam usar habilidades quantitativas. Não foi surpresa nenhuma que as pessoas que antes tiveram pontuação mais alta nos testes matemáticos também se saíram melhor ao analisar os dados do tratamento de erupção cutânea.

O segundo conjunto de dados mostrava estatísticas criminais em diferentes cidades. Aos voluntários, foi dito que "uma prefeitura tentava decidir se aprovava uma lei proibindo os cidadãos de portar armas escondidas em público. As autoridades não sabiam se a lei mais provavelmente diminuiria a criminalidade, ao reduzir o número de portadores de armas, ou se aumentaria a criminalidade, por criar mais dificuldades para cidadãos cumpridores das leis se defenderem de criminosos violentos. Para abordar essa questão, os pesquisadores dividiram as cidades em dois grupos: um consistia em cidades que recentemente promulgaram proibições a armas escondidas, e outro que não tinha tais proibições".

Os voluntários precisavam examinar os dados e concluir se a nova lei levava a um aumento ou a uma diminuição na criminalidade.

Na realidade, os dados do tratamento de erupção cutânea e os dados de controle de armas eram idênticos. Foi usado o mesmo conjunto de números. Entretanto, os participantes se saíram melhor na solução do problema quando os números foram apresentados como dados de um novo estudo de tratamento contra erupção cutânea do que em um estudo de "tratamento" de controle de armas. Por quê?

Os participantes não se importavam se o novo tratamento para a pele funcionava ou não, e assim abordaram a tarefa de forma racional, usando sua capacidade matemática a serviço da análise criteriosa dos dados. Porém, a maioria dos participantes tinha uma opinião passional sobre o controle de armas, e essa paixão interferiu na capacidade de analisar objetivamente os dados. Até agora, nada de novo – sabemos que a motivação macula nossa capacidade de raciocinar. Mas aqui está a parte fascinante: aquelas pessoas que eram boas com os números – as que eram "analíticas" – foram as piores na avaliação que testava se uma proibição do controle de armas reduziria a criminalidade.

Tais descobertas desmistificam a ideia de que o raciocínio motivado é uma característica das pessoas menos inteligentes. Ao contrário, quanto maior sua capacidade cognitiva, maior a capacidade de racionalizar e interpretar informações segundo sua vontade e distorcer criativamente os dados para que se encaixem com suas opiniões. Então, ironicamente, as pessoas podem usar sua inteligência não para chegar a conclusões mais precisas, mas para encontrar defeitos em dados que não as satisfazem. É por isso que, quando discutimos, talvez a abordagem ideal não seja nosso instinto de fornecer dados e números que apoiem nossa opinião e contradizem a alheia. Mesmo que a pessoa a sua frente seja muito inteligente, você pode ter dificuldade para fazê-la mudar de ideia usando contraprovas.

Por que somos como somos?

Isso suscita a pergunta: por que nosso cérebro evoluiu para descartar informações perfeitamente válidas quando elas não se encaixam com nossa visão atual de mundo? Isso soa como uma falha de projeto, podendo levar a muitos erros de julgamento. Assim, por que esse erro não foi corrigido durante a evolução da espécie? Pode haver aí uma explicação lógica para nossa aparente tolice? Qual a vantagem disso?

Alguns estudiosos afirmam que o cérebro humano desenvolveu a capacidade de raciocinar não para descobrir verdades, mas para convencer os outros de que temos razão.[18] A tese é que avaliamos as evidências à disposição de forma que nos ajude a argumentar com mais eficácia a favor de nossos pontos de vista. Se formos melhores na argumentação, defende a tese, maiores nossas chances de êxito. Isso explicaria o viés de confirmação e o efeito bumerangue. Mas acho que ela é pouco convincente. A ideia de que o cérebro humano desenvolveu o raciocínio puramente a fim de ganharmos uma discussão me parece fraca. Além disso, se a maioria de nós possui um viés de confirmação, então nenhum de nós conseguirá convencer os outros de forma nenhuma. Na verdade, os indivíduos mais influentes costumam ser aqueles de mente mais aberta.

Vamos explorar outra possibilidade – a ideia de que interpretar informações à luz do que já pensamos saber costuma ser a abordagem correta. *Em média*, quando você encontra dados que contradizem o que já sabe a respeito do mundo, esses dados na verdade estão errados. Por exemplo, se alguém alega ter observado um elefante amarelo flutuar no céu ou um peixe roxo andando na terra, é lógico supor que essa pessoa ou está mentindo, ou é delirante. Falando de modo geral, avaliamos informações em relação ao que já sabemos.

Quatro fatores entram em jogo quando formamos uma nova crença: nossa crença antiga (tecnicamente conhecida como "prévia"), nossa confiança nessa antiga crença, a nova prova e nossa confiança nessa prova. Por exemplo, imagine que um adulto toma conhecimento, por seu filho criança, de que há um elefante voando no céu. O pai ou mãe sustenta uma forte crença de que elefantes não podem voar. Além disso, eles não têm uma forte confiança na credibilidade do filho e, assim, concluirão que a criança está errada. Agora imagine o contrário: uma criança muito nova ouve de um pai ou mãe que um elefante está voando no céu. A criança ainda não formou fortes crenças em relação ao mundo, assim, não tem certeza se elefantes voam ou não. Além disso, ela tem em alta conta as opiniões dos pais e conclui que os elefantes voam.

No cômputo geral, essa abordagem para mudar nossas crenças é lógica. Em muitos casos, *devemos* de fato sustentar o que sabemos. Porém, o efeito colateral desse processo é que se torna muito difícil mudar opiniões preestabelecidas, mesmo quando estão erradas.

Quanto isso nos custa?

Já vimos que a tendência das pessoas de desconsiderar provas que não combinam com suas opiniões interfere em seus relacionamentos pessoais e também na política. Isso em si já é alarmante. E nas finanças? Será que as pessoas interpretam seletivamente as informações quando tomam decisões financeiras? Eu e meus colegas Andreas Kappes e Read Montague realizamos um experimento para descobrir.[19]

Millie foi uma das muitas participantes de nosso estudo. Era uma estudante de vinte anos da University College London e ia se formar em biologia. Tinha cabelo castanho liso, que ela prendia em um rabo de cavalo, e óculos grandes no estilo anos 1970 emoldurando olhos cintilantes. Como a maioria dos estudantes, precisava de um dinheiro a mais para pagar o aluguel e assim, quando deu com nosso anúncio para um estudo pago no site do Departamento de Psicologia, rapidamente se inscreveu. Quando chegou a nosso laboratório, Millie foi apresentada a seu parceiro na atividade, Ewan, também participante de nosso estudo. Ela não conhecia Ewan. Por uma breve apresentação, Millie soube que Ewan era formado em psicologia e acabara de voltar depois de um semestre no Japão.

Andreas, o pesquisador, explicou a Millie e Ewan que eles participariam de um jogo envolvendo avaliações de imóveis. Quanto melhor se saíssem na tarefa, mais dinheiro ganhariam. O conhecimento de Millie e Ewan sobre imóveis se reduzia a suas experiências alugando quartos em apartamentos de Londres. Entretanto, eles estavam decididos a dar o máximo na tarefa.

Andreas disse a Millie e Ewan que eles seriam acompanhados a salas separadas; cada um deles trabalharia em um computador e receberia duas centenas de diferentes imóveis. Para cada propriedade, veriam informações semelhantes àquelas encontradas em um site de imobiliária: uma foto do imóvel, informações relativas à localização, ao tamanho e assim por diante. Depois precisariam indicar se acreditavam que a propriedade valia mais ou menos de 1 milhão de dólares e quanto estavam dispostos a apostar que estavam certos.

Por exemplo, uma casa de três quartos em West Hollywood, com 370 metros quadrados e piscina – à venda por mais ou menos de 1 milhão? Millie pensa que vale mais e está disposta a apostar 2 libras que tem razão. Se estiver certa, ganhará 2 libras; se estiver errada, perderá esse valor. Depois que Millie entra com sua aposta, tem a oportunidade de saber das apostas de Ewan. Nesse caso, acontece que Ewan discorda. Ele acredita que a casa vale menos de 1 milhão e está disposto a apostar 3 libras nisso.

De acordo com as regras do jogo, Millie não pode alterar seu voto, mas pode mudar a quantia. Se ela pensar que Ewan tem razão, pode retirar inteiramente sua aposta; dessa forma, ela não perderá, nem ganhará. Ou pode reduzir sua aposta a uma libra ou menos. Também tem a oportunidade de aumentar a aposta, se quiser.

Como a maioria de nossos participantes, Millie não faz nada. Quando Ewan discorda, ela o ignora. Superficialmente, parece lógico. Por que Millie daria ouvidos a Ewan? Ele é formado em psicologia, não é corretor de imóveis. Mais provavelmente, ele não sabe mais do que ela. A decisão de Millie parece sensata. Exceto por um detalhe: quando Ewan *concorda* com ela, ela aumenta sua aposta. Em outras palavras, quando Ewan faz uma avaliação igual à de Millie, a opinião dele é considerada digna de crédito para garantir um investimento maior. Entretanto, quando ele demonstra outra visão, a opinião dele é considerada inútil.

Millie não é um caso raro. Em média, os participantes de nosso estudo aumentaram a aposta depois de saber que o parceiro *concordou* com sua avaliação do imóvel, mas, na maioria dos casos, nada fizeram quando o mesmo parceiro, com as mesmas credenciais, *discordou* de sua avaliação. A mente parece adotar, toda satisfeita, opiniões mais convenientes com sua visão estabelecida.

Esse estudo ilustra uma questão importante. Por um lado, sabe-se bem que as pessoas são extremamente suscetíveis à influência social; seguimos tendências, imitamos os outros e em geral fazemos isso de forma subconsciente. (Adiante, discorrerei mais sobre nossa forte tendência para o aprendizado social.) Por outro lado, depois que uma pessoa se comprometeu com uma decisão ou opinião, é difícil para alguém convencê-la a adotar outra. Diante de decisões e crenças prévias, a influência social pode fracassar.

As descobertas de Andreas parecem contradizer um pressuposto clássico da economia – isto é, que os investidores são capazes de aprender com novas informações (por exemplo, opiniões de terceiros), independentemente de suas decisões financeiras passadas. Agora sabemos que tal pressuposto é falso. As pessoas dão mais peso a informações que apoiam seus investimentos anteriores e menos peso a informações que os prejudicam.

Vejamos, por exemplo, a pesquisa realizada por Camelia Kuhnen, neuroeconomista da Universidade da Carolina do Norte e seus colegas.[20] Kuhnen pediu a cerca de cinquenta pessoas para tomar uma série de cem decisões de investimento entre ações de risco e um título seguro com rendimentos conhecidos. Depois de cada decisão, os dividendos atuais das ações eram revelados e se apresentava uma alternativa. Kuhnen e colegas descobriram que quando as pessoas selecionavam as ações e observavam dividendos altos, provavelmente pensavam que as ações eram boas. Porém, se escolhiam as ações e, para sua decepção, observavam baixos dividendos, ignoravam completamente os dados em vez de pressupor que as ações eram ruins.

Assim como as decisões imobiliárias de Millie interferiram em sua capacidade de ouvir os conselhos de Ewan quando ele discordava dela, os investimentos anteriores interferem na capacidade das pessoas de alterar suas expectativas financeiras quando os novos dados não se coadunam com as decisões que tomaram no passado. Em todos os domínios, as pessoas descartam informações que contrariam decisões anteriores – e isso pode ter um custo financeiro.

Kuhnen e colegas fizeram mais do que apenas observar o comportamento; também registraram a atividade cerebral das pessoas, tentando entender o que exatamente acontecia dentro da cabeça delas. Descobriram que quando os participantes recebiam informações que não combinavam com suas decisões anteriores, o cérebro – metaforicamente falando – se "desligava".* Por exemplo, quando um participante selecionou um lote de ações e depois observou que dava dividendos baixos, suas reações cerebrais foram reduzidas. Por outro lado, quando dados novos confirmavam as decisões passadas da pessoa, era observado um aumento na ativação de uma grande rede de regiões. Andreas e eu notamos um padrão semelhante em

---

* Enfatizo que esta é uma metáfora; o cérebro não se "desliga", literalmente.

nosso estudo; o cérebro da pessoa era muito sensível às informações depois da revelação de que alguém tinha tomado decisões semelhantes, e menos sensível depois da revelação de que alguém tomou decisões diferentes.

Pode ser que esses resultados pareçam surpreendentes, porque muitas vezes, quando as pessoas descobrem que talvez estejam erradas, uma forte reação – conhecida como "sinal de erro" – é observada no cérebro. Porém, o que esse estudo nos diz é que nos casos em que já nos comprometemos com uma crença ou ação, podemos ignorar provas sugestivas de que talvez estejamos errados. Para nossa interpretação, esses dados não são confiáveis; se as provas novas são inválidas a nossos olhos, podemos nos dar ao luxo de não prestar mais atenção nelas.

Como, então, conseguimos mudar crenças, se é que conseguimos? Certamente as opiniões nem sempre permanecem estáveis – elas *evoluem*. Assim, como podemos provocar mudanças?

Mudar o velho ou construir o novo?

Imagine a seguinte hipótese: você é pediatra no meio de um dia movimentado na clínica. Às duas da tarde recebe no consultório um bebê para um checkup, acompanhado dos pais. Depois de concluir o exame físico e indagar sobre os desenvolvimentos motor, de linguagem e social da criança, você se volta ao tema das vacinas. Os pais, porém, estão profundamente preocupados com a vacina tríplice (sarampo, caxumba e rubéola). Eles ouviram falar que aumenta o risco de autismo.

O número de pais que se recusa a vacinar os filhos tem aumentado desde que um novo e mal-afamado estudo de 1998 sugeriu pela primeira vez uma ligação entre a vacina e o autismo.[21] O estudo foi publicado pelo dr. Andrew Wakefield e sua equipe; na época, Wakefield era consultor honorário da Faculdade de Medicina do Royal Free Hospital em Londres. A alegação básica de Wakefield era de que quando eram dadas ao mesmo tempo, as vacinas contra sarampo, caxumba e rubéola modificavam o sistema imunológico da criança. Isso permitia que o vírus do sarampo penetrasse nos intestinos e que determinadas proteínas escapassem dos intestinos e alcançassem o cérebro. Essas proteínas podiam, então, danificar neurônios, provocando autismo.[22] Embora o artigo tenha sido publicado no prestigioso periódico *Lancet*, foi depois desacreditado. Pesquisas realizadas nos anos subsequentes concluíram que não havia ligação entre a vacina tríplice e o autismo.[23]

Todavia, a chama acesa pela pesquisa de Wakefield não se apagou. Mesmo diante de abundantes provas científicas em contrário, muita gente ainda temia o risco dos supostos efeitos colaterais da vacina tríplice e se recusava a permitir a vacinação de seus filhos. Por conseguinte, o número de casos de sarampo está em ascensão. Em 2014, foram 644 casos registrados nos Estados Unidos, um aumento de três vezes em relação a 2013.

De volta à clínica, você, um médico, enfrenta a difícil tarefa de convencer o pai ou mãe diante de você a vacinar o filho. Que abordagem assumir? O instinto da maioria das pessoas é informar o paciente sobre as provas científicas que mostram que a vacina tríplice não causa autismo. Minar os mitos da vacinação também é a abordagem adotada pelos Centros para Controle e Prevenção de Doenças. Parece uma tática racional. No entanto, estudos mostram que não funciona. Isso porque as informações são avaliadas com relação às crenças preestabelecidas. Quanto maior a distância entre elas e os novos dados, menor a probabilidade de estes serem considerados válidos. Na realidade, ao repetirem os mitos relacionados à vacina tríplice na tentativa de dissipá-los, às vezes as pessoas acabam reforçando os mitos em vez das contraprovas.

Para resolver tal problema, um grupo de psicólogos da Universidade da Califórnia em Los Angeles e da Universidade de Illinois em Urbana-Champaign teve uma nova ideia. Em vez de dissipar uma crença solidificada, tentariam implantar outra completamente nova.[24] Seu raciocínio era de que a decisão de um pai sobre a vacinação do filho é determinada por dois fatores: os efeitos colaterais negativos da vacina e os resultados positivos da vacinação. Pais que se recusam a vacinar o filho já sustentam crenças fortes relacionadas a possíveis efeitos colaterais – o suposto aumento no risco de autismo. Tentar alterar essa percepção resulta em resistência. Em lugar de tentar convencer as pessoas de que a vacina tríplice não causa autismo, os pesquisadores destacariam o fato de que a vacina tríplice previne a probabilidade de doenças potencialmente fatais. Esse é o caminho da menor resistência – as pessoas não têm motivos para duvidar de que a vacina protegerá seu filho de sarampo, caxumba e rubéola. A abordagem da equipe envolveu encontrar um terreno em comum: a prioridade dos pais e médicos era proteger a saúde da criança. O foco no que tinham em comum, em vez de no ponto de discordância, permitiu a mudança.

A solução se mostrou eficaz. Para mudar as intenções das pessoas a respeito da vacinação era melhor destacar a capacidade da vacina tríplice de proteger as crianças de doenças graves do que tentar dissipar os temores de seus efeitos colaterais. Quando é difícil erradicar uma crença estabelecida, a resposta pode estar em semear uma nova.

* * *

Voltemos a Thelma e Jeremiah. Lembra-se deles? Os advogados casados que discordam sobre onde morar. Jeremiah tentava convencer Thelma de que os Estados Unidos eram mais desejáveis do que a França e Thelma dizia: *"Non! La France est mieux."* Ambos tentavam encontrar argumentos lógicos que justificassem por que um lugar era melhor do que o outro – baguete contra pão de fôrma, o Louvre contra o Metropolitan Museum of Art –, mas não chegavam a lugar nenhum. Thelma desconsiderava os argumentos de Jeremiah e vice-versa. O problema era que, para aceitar o caso do outro, cada um deles precisaria abandonar as próprias crenças.

Mas o que aconteceria se Thelma apresentasse a Jeremiah um argumento que não entrasse em conflito com as opiniões dele? Por exemplo, ela poderia dizer – "Os Estados Unidos são de fato um lugar maravilhoso para trabalhar e criar os filhos, mas eu serei mais feliz perto de meus pais." Ou mostrar a Jeremiah dados que já fossem caros a ele – talvez um estudo argumentando que os dois melhores países para criar uma família são a França e os Estados Unidos. Esses dados combinariam com as crenças prévias de Jeremiah e, assim, ele prestaria atenção. As novas informações proporcionariam uma mudança inicial no sentido da opinião dela. Por outro lado, se ela alegasse que os Estados Unidos são um dos piores países para morar, Jeremiah simplesmente se afastaria.

Quer seja um debate sobre controle de armas, futebol, vacinação ou uma desavença doméstica, para mudar opiniões precisamos primeiro considerar as convicções alheias. Quais suas noções preestabelecidas? Quais suas motivações? Quando temos uma forte motivação para acreditar que algo é verdade, até a prova mais sólida em contrário cairá em ouvidos moucos. Thelma queria se mudar para a França, logo, estava muito motivada para encontrar qualquer artigo, blog ou números que mostrassem a superioridade de seu país. Os que apoiam a pena de morte eram motivados a acreditar nos dados relacionados com sua eficácia e a encontrar falhas nas estatísticas que mostravam o contrário. Os opositores de Obama tinham forte motivação para acreditar que ele não nasceu nos Estados Unidos.

Raras vezes as crenças se sustentam sozinhas; elas são entrelaçadas com uma rede de outras crenças e impulsos. Considerar a perspectiva do outro ajuda a esclarecer como podemos apresentar argumentos de uma forma mais convincente para *eles*, em vez de uma forma mais convincente para *nós*. Embora possamos, por instinto, nos atirar em uma discussão com um balde transbordando de argumentos que explicam por que *nós* temos razão e o outro lado está errado, isso pode nos deixar perdidos. O que os estudos descritos neste capítulo nos ensinam é que a pessoa do outro lado provavelmente não vai prestar atenção ou então procurará desesperadamente por contra-argumentos. Para despertar mudanças com sucesso, precisamos, portanto, identificar as motivações em comum. Como veremos no próximo capítulo, depois de identificados esses objetivos consensuais precisaremos invocar nossas emoções para ajudar a transmitir a mensagem.

CAPÍTULO 2

Como fomos convencidos a ir à Lua (Emoção)
A incrível influência da emoção

Em um dia quente de setembro de 1962, o presidente John F. Kenneddy fazia um discurso no estádio de futebol da Universidade Rice. Estava no Texas para convencer a multidão de 35 mil pessoas diante dele, bem como o resto do país, a dar apoio a um projeto arriscado que custaria quase 6 bilhões de dólares e podia muito bem acabar em um completo fracasso. O plano era ir à Lua.[1] Literalmente.

Se você nasceu depois de 21 de julho de 1969, pode ter dificuldade para conceber uma realidade em que Neil Armstrong não pôs os pés no único satélite natural da Terra. Entretanto, se estava por aqui no início dos anos 1960, talvez se lembre de que a decisão de transportar um ser humano vivo à Lua e trazê-lo de volta não era nada banal.

O próprio Kennedy nem sempre esteve convencido da necessidade de conquistar a Lua. Um ano antes, havia rejeitado uma solicitação de orçamento da NASA que pretendia mandar o homem à Lua no prazo de uma década. A atitude dele mudou, porém, quando ficou evidente que os soviéticos derrotavam os americanos no jogo espacial por dois a zero. Não só foram os primeiros a lançar um satélite artificial – o *Sputnik* –, como também foram os primeiros a mandar ao espaço um homem – Yuri Gagarin. Os americanos tinham muito a colocar em dia. A primeira tentativa dos Estados Unidos de lançar um satélite foi apelidada de projeto "Flopnik", porque o satélite explodiu alguns segundos depois do lançamento, e ainda por cima com transmissão ao vivo pela TV.

O envio ao espaço do primeiro americano – Alan Shepard – teve mais êxito. Porém, a viagem aconteceu três semanas depois do lançamento de Gagarin e, ao contrário do russo, Shepard não orbitou a Terra. Tudo isso resultou em humilhação nacional e medo de um espaço sideral governado pelos soviéticos.[2]

O presidente sentiu que era fundamental que os americanos vencessem a próxima rodada, e decidiu que o governo deveria mirar na Lua. O fato de que nem americanos, nem soviéticos tinham tecnologia necessária para mandar um homem à Lua era na verdade uma vantagem. Logo, significava que os americanos podiam ter tempo para alcançar a URSS.

A primeira medida, porém, era convencer os cidadãos da necessidade urgente de ir à Lua. O apoio de muitos era essencial não só porque uma porcentagem significativa do dinheiro dos contribuintes americanos seria alocada na realização do sonho, mas também porque seria necessária a colaboração de milhares de cientistas, engenheiros, técnicos e outros profissionais de todo o país para alcançar tal objetivo. Kennedy teve de convocar o apoio popular para o programa e ele estava naquele estádio justamente para isso. Subiu ao pódio e, pelos 17 minutos e 40 segundos seguintes, explicou ao povo americano por que acreditava que aproximadamente 4% do orçamento anual deviam ser gastos na "maior aventura em que o homem já embarcou".[3]

O impacto foi imenso. Quando ele acabou, cada leão, girafa e pinguim no zoológico próximo de Houston ouviu os gritos da multidão. O discurso ganhou as manchetes de todo o país e melhorou imensamente o perfil público da NASA. Alguns especularam que se não fosse por esse discurso, bem como outro semelhante que JFK fez no Congresso pouco antes, talvez jamais tivéssemos pisado na Lua.[4]

Em geral, achamos natural que uma única pessoa tenha um impacto tão grande sobre tantas. Uma ideia, proferida em forma de discurso, música ou história, pode mudar a mente e os atos de milhões de pessoas. Mas, se pararmos para pensar nisso, essa é uma capacidade extraordinária que a espécie humana tem – transmitir ideias de uma mente para outra.

Por dentro da mente da plateia

Pense na última vez em que você falou perante um grupo. Talvez fosse uma aula, uma apresentação no trabalho ou um daqueles constrangedores brindes de casamento. Todo mundo está olhando para você. Já se perguntou o que estaria passando pela cabeça das pessoas diante de você? Acho intrigante avaliar as expressões e os atos das pessoas enquanto falo. Do palco, é possível ver tudo. O cara no canto tuitando, uma mulher na fila da frente de boca aberta, outra no fundo tomando notas de um jeito febril. Porém, com frequência, a multidão se torna uma entidade unificada – arquejando juntos, rindo juntos, aplaudindo juntos –, em sincronia. Você é capaz de sentir a reação coletiva em seu próprio corpo se você estiver em meio a uma plateia dessas.

Em março de 2012, eu estava. O local era o Terrace Theater, em Long Beach, na Califórnia, para fazer uma palestra na conferência anual TED. Minha apresentação estava marcada para o último dia, portanto passei a semana ouvindo as palestras dos outros oradores.

Susan Cain, autora do livro *O poder dos quietos*, estava no palco naquela ocasião. O público ficou uniformemente enfeitiçado. Naquele exato momento em Long Beach, estava claro como cristal que o discurso dela teria uma ampla influência. Na verdade, no momento em que escrevo, o discurso de Cain já foi visto na internet mais de 13 milhões de vezes e sua mensagem sobre o poder dos introvertidos foi amplamente divulgada.[5] A plateia não estava consciente disso, mas a sensação naquela tarde no auditório da Califórnia estava relacionada com um fenômeno fisiológico intrigante que previu o sucesso de Cain.

Não registrei a ativação de neurônios no cérebro das 1.300 pessoas sentadas comigo no Terrace Theater para ouvir Cain, nem das 35 mil sentadas no estádio ouvindo JFK. Não foi possível na época e não é possível agora. Entretanto, posso fazer uma conjectura fundamentada do que teríamos observado se fizéssemos esse registro.

Na Universidade de Princeton, um grupo de pesquisadores registrou o padrão de atividade cerebral de indivíduos sintonizados em discursos de políticos usando um aparelho de ressonância magnética funcional.[6] O que eles descobriram foi que enquanto as pessoas ouviam discursos poderosos, os cérebros "funcionavam juntos". A atividade cerebral de diferentes indivíduos aumentava e diminuía em uníssono, se intensificando e se acalmando ao mesmo tempo, nas mesmas áreas, como se eles estivessem sincronizados.

Pode ser que tal observação não surpreenda. Por definição, um discurso envolvente prende a atenção das pessoas. Se todos estiverem ouvindo atentamente o mesmo monólogo, os padrões encefálicos da plateia serão semelhantes. Se o discurso for tedioso como assistir a uma panela d'água ferver, cada mente sairá vagando para seu próprio país das maravilhas e a sincronia será rompida. Mas isso não é tudo.

A sincronia foi observada não só em regiões cerebrais importantes para a linguagem e a audição, mas também nas envolvidas na criação de associações, na geração e no processamento de emoções e naquelas que nos permitem nos colocar no lugar dos outros e sentir empatia. Os discursos poderosos fizeram mais do que prender a atenção das pessoas – uma proeza louvável por si só. Eles modelaram as reações das pessoas de forma semelhante, independentemente da personalidade e das experiências passadas de cada uma. Em outras palavras, quer fosse o cérebro de uma liberal de 24 anos que gosta de ler Shakespeare enquanto come crepes de limão, ou de um conservador de 37 que curte praticar levantamento de peso na praia, esses discursos criaram uma atividade neural difusa de tal modo que esses dois cérebros muito diferentes ficariam funcionalmente parecidos quando examinados em uma ressonância magnética.

JFK e Cain conseguiram com que milhões de pessoas não só *ouvissem* o que eles diziam, mas também sentissem o que eles sentiam, incorporassem sua perspectiva e, desta forma, fizeram com que a multidão apoiasse sua empreitada. Mas que elementos em seus respectivos discursos teriam permitido a (suposta) sincronia difusa?

Emoção, a condutora

A primeira tentativa de observar quando, como e por que ocorre sincronia entre cérebros foi feita em 2004 no Instituto Weizmann da Ciência, em Israel, e envolveu *westerns spaghetti*.[7] Os participantes do estudo foram solicitados a se deitar em um aparelho de ressonância magnética e assistir ao clássico western *The Good, the Bad and the Ugly* [*Três homens em conflito*, literalmente *O Bom, o Mau e o Feio*]. Sua atividade cerebral foi registrada enquanto eles acompanhavam a ação de Clint Eastwood (o Bom), Lee Van Cleef (o Mau) e Eli Wallach (o Feio).

Quando os pesquisadores da Weizmann, liderados pelos neurocientistas Uri Hasson e Rafi Malach, viram o padrão de atividade encefálica de todos os participantes, descobriram que as mentes do grupo em geral ficavam em sincronia. Porém, em determinados momentos durante o filme, a atividade neural foi particularmente bem orquestrada entre os indivíduos. Nesses momentos, impressionantes 30% do cérebro de uma pessoa estavam funcionando junto com o das demais, dificultando distinguir uma reação cerebral de outra. Hasson e Malach observaram os tempos exatos em que isso ocorria e depois assistiram ao filme de novo, para ver exatamente o que acontecia nesses momentos.

Eles descobriram que no primeiro ponto do filme em que os cérebros das pessoas reagiam de forma semelhante havia uma mudança surpreendente na trama. O segundo momento envolvia uma grande explosão. O terceiro e o quarto – um tiroteio. Depois, outro tiroteio e outra explosão. Um padrão parecia emergir: os momentos em que os cérebros tinham grande tendência a se "unificar" eram aqueles de forte carga emocional no filme. Diante de acontecimentos que provocam suspense, surpresa e euforia, todos os cérebros ficam muito parecidos uns com os outros. A emoção "sequestrava" uma grande proporção do cérebro das pessoas, e de maneira uniforme.

Ao refletirmos sobre isso, faz perfeito sentido. Uma reação emocional é o jeito de o corpo dizer: "Ei, tem algo importante acontecendo", e é fundamental que sua reação esteja de acordo. Tão fundamental que a maior parte de seu cérebro é concebida para que você possa processar o acontecimento que evoca a emoção e gerar uma reação. Quando algo emotivo ocorre, sua amídala – a região do cérebro responsável por sinalizar a excitação – é ativada. A amídala então envia um "sinal de alerta" ao resto do cérebro, alterando imediatamente a atividade corrente. Não importa se você é uma dinamarquesa baixinha ou uma criança sérvia e alta – todos os cérebros são "pré-programados" para reagir de forma *aproximadamente* similar a estímulos que despertam emoções.

Por exemplo, se um estranho entrar em seu quarto nesse exato momento com um facão, de imediato despertará uma reação de sua amídala. A amídala convocará seu hipocampo, intensificando sua lembrança do acontecimento. Ela também alterará a atividade em regiões de seu córtex, levando-o a focalizar automaticamente na faca à custa de todo o resto. Também haverá alterações na função do hipotálamo, o centro hormonal de seu cérebro, e do tronco encefálico, região envolvida na regulação de funções corporais como a respiração, e você começará a transpirar.

Agora, se você está sentado em uma sala de cinema e "o Mau" aponta a arma para "o Bom", não há necessidade de você reagir. Você está em segurança em uma sala escura, enquanto o rifle não representa uma ameaça verdadeira a você nem a mais ninguém. Mas o "centro da emoção" em seu cérebro é programado para reagir com rapidez, antes que a situação tenha sido inteiramente processada. Como a emoção é uma reação básica, primitiva, uma reação semelhante também é despertada na pessoa sentada a sua direita e na outra à esquerda. As mentes são capturadas pelo evento emocionante na tela. Como todos vocês estão vivendo um estado fisiológico semelhante, provavelmente processarão o roteiro de forma idêntica. A emoção promove a sincronia dos cérebros quando aloca automaticamente a atenção de todos na mesma direção e gera um estado fisiológico semelhante, que estimula as pessoas a agirem e verem o mundo de forma parecida.[8]

Voltando ao estádio de futebol no Texas, Kennedy podia simplesmente ter delineado seu plano de chegar à Lua. Na conferência TED, Susan Cain podia apenas ter dado números que mostrassem que os introvertidos são fundamentais para o progresso da sociedade. Em vez disso, porém, Kennedy falou dos novos perigos e oportunidades da exploração espacial, e Cain partilhou, de forma bem-humorada, sua experiência de ser uma criança devoradora de livros em um acampamento de verão repleto de atividades animadas. Eles despertaram emoções na plateia e a reação intensificou a sincronia neural entre os ouvintes, o que aumentou as semelhanças na experiência e na percepção.

É provável que os discursos também tenham tido outro efeito importante: permitiram que as mentes dos ouvintes se "unissem" com as de Kennedy e Cain.

Comunhão

Existe uma pergunta que a maioria das pessoas adora ouvir. Não importa que já tenha sido feita muitas vezes, a maioria sempre responderá com boa vontade.

A pergunta a que me refiro é "Como vocês se conheceram?". Se a pessoa não estiver no meio de um divórcio feroz e traiçoeiro, contará extensamente os detalhes daquele momento definidor. Se você ouvir com atenção, notará as pessoas dizendo "sentimos uma ligação de imediato", "completávamos as frases um do outro" ou "parecia que já nos conhecíamos". As pessoas tendem a atribuir essa sensação à "magia". Bom, ou isso, ou um algoritmo eficaz de um site de relacionamentos. Hasson, porém, atribui à união cerebral. Uma sensação de que você "tem um estalo" com outra pessoa surge quando há completa compreensão entre dois indivíduos na comunicação e, segundo Hasson, isso é consequência da sincronia.[9]

"A comunhão não é resultado da compreensão. É a base neural sobre a qual entendemos um ao outro", explica ele.[10]

Essa comunhão não é de maneira nenhuma exclusiva de parceiros amorosos. Você pode experimentá-la até mesmo ouvindo um estranho. Em um estudo, a atividade cerebral de estudantes de graduação de Princeton foi registrada em um aparelho de ressonância magnética enquanto eles ouviam a gravação de uma jovem, que vou chamar de Annabelle, contando a história de seu baile de formatura do ensino médio.[11] O padrão de atividade cerebral de Annabelle também foi registrado enquanto ela contava a história, e assim, mais tarde, sua atividade neural pôde ser comparada com as dos estudantes que a ouviram.

A história de Annabelle começa: "Sei que todo mundo tem histórias malucas de bailes, mas, bom, esperem só para ouvir. Eu era caloura no ensino médio em Miami, na Flórida, e sou nova na turma. Sou nova na escola, na verdade, porque é quase dezembro, portanto cheguei há cerca de três meses, e um menino chamado Charles me convida para sair. Ele é inglês, é do primeiro ano e é uma graça, meio tímido, mas isso não importa. Então eu digo que sim, fico toda animada."

Com senso de humor e suspense, Annabelle passa a descrever suas aventuras mirabolantes. A história incluía amor juvenil, rejeição, sangue, álcool e alguns policiais – todos os elementos necessários a um best-seller.

Um dos voluntários nesse estudo era um jovem que chamarei de Ronald. Pela reação neural de Ronald, fica evidente que a atividade de seu cérebro rapidamente entra em sincronia com a de Annabelle enquanto ele escuta a história. Essa sintonia dos padrões encefálicos pode ser vista em uma grande rede de áreas neurais, não só em regiões que processam a linguagem. E, então, algo intrigante acontece. Depois de um tempo, o padrão de atividade neural de Ronald começa a se *antecipar* ao de Annabelle. O cérebro do ouvinte agora está andando à frente do cérebro da oradora, prevendo o que ela dirá. O cérebro de Ronald parece adivinhar a próxima guinada nos acontecimentos, e isso permitiu a ele compreender ainda melhor a história de Annabelle.

Se você ouvisse a narrativa de Annabelle, teria observado que está repleta de emoções. Ela partilha seu mundo afetivo íntimo com o ouvinte – sua empolgação, a ansiedade, o medo. A emoção não é necessária para a sincronia, porém a aumenta. Ao compartilhar fisicamente do estado emocional de Annabelle, Ronald recebe um contexto que pode ajudá-lo a entender os objetivos e o comportamento dela. A partir desta perspectiva, ele pode prever seu próximo ato. Lauri Nummenmaa, neurocientista finlandês que estuda a sincronia dos cérebros, escreve que este pode ser um dos papéis da emoção na sincronia neural – promover a interação social e a compreensão, logo, melhorar nossa capacidade de prever os atos dos outros.[12]

Políticos, artistas e qualquer um que tenha uma mensagem a transmitir são aconselhados a usar a emoção para envolver a plateia. É uma forma de despertar o interesse – uma história ou um discurso emotivo pode parecer mais estimulante e prender mais a atenção. Sabemos que filmes, romances e músicas que despertam emoções tendem a ser mais populares. Porém, a pesquisa de Nummenmaa sugere haver mais do que isso. A emoção equipara o estado fisiológico do ouvinte com o do orador, o que torna mais provável que o ouvinte processe as informações que recebe de forma semelhante a como o orador as vê. É por isso que despertar a emoção pode ajudar na comunicação de suas ideias e conseguir que os outros partilhem de seu ponto de vista, quer você esteja conversando com um único indivíduo ou falando a milhares. Em outras palavras, se eu me sinto feliz e você se sente triste, é improvável que nós dois interpretemos a mesma história do mesmo jeito. Mas se eu, antes, conseguir ajudá-lo a se sentir tão feliz quanto eu, talvez contando uma piada, é mais provável que você interprete minha mensagem da mesma forma que eu. A boa notícia nesta tática é que a emoção é extremamente contagiante.

A partilha do amor

Adoro assistir aos Jogos Olímpicos. Mas tenho de confessar que o principal motivo não são as incríveis realizações dos atletas. Não é pela oportunidade de ver o homem mais rápido do mundo ou o salto mais longo já executado. Minha profunda atração pelas Olimpíadas tem ampla origem na exibição crua de emoções: a felicidade pura nos olhos da mulher que acabou de cruzar em primeiro lugar a linha de chegada, as lágrimas de alegria que escorrem pelo rosto do nadador ao subir no pódio. A felicidade deles é contagiante. Você não consegue deixar de sorrir quando esses rostos sorriem na tela. Até o mais indiferente entre nós encontrará os olhos se enchendo de lágrimas em resposta às lágrimas de vencedores e perdedores.

Uma das maneiras mais fortes de provocarmos impacto no outro é pela emoção. Partilhar ideias costuma consumir tempo e esforço cognitivo. A partilha de sentimentos, porém, acontece com facilidade e instantaneamente. O jeito como você se sente afeta rápida, automática e, em geral, inconscientemente como se sentem aqueles próximos a você, e como eles se sentem influencia suas próprias emoções.[13] Seus colegas de trabalho, familiares, amigos, até estranhos rapidamente decifrarão seu estado ao perceber mudanças em sua expressão facial, no tom da voz, na postura e na linguagem. E, embora talvez eles não tenham consciência disso, se você estiver alegre é mais provável que eles fiquem alegres; se estiver estressado, é mais provável que eles fiquem estressados.

Nosso cérebro é projetado para transmitir emoções rapidamente ao outro, porque em geral as emoções contêm informações importantes sobre nosso ambiente. Por exemplo, se eu detectar seu medo, é mais provável que eu sinta medo também e, por conseguinte, passo os olhos pelo ambiente em busca do motivo. Isso pode me salvar, porque se você está com medo há uma boa possibilidade de que exista por perto algo que eu deva temer também. E se eu detectar sua empolgação, é mais provável que fique empolgada, o que me leva a observar o ambiente à procura de recompensas. Essa é uma boa estratégia, porque se você está empolgado há uma boa possibilidade de que exista algo por perto que me empolgue também. Tudo isso acontece rapidamente, antes de termos a chance de raciocinar. Assim, embora o ambiente imediato e o estado emocional de Michael Phelps no pódio olímpico não tenham influência real no âmbito da minha sala de estar, meu cérebro é programado para compartilhar da alegria dele.

A capacidade de sentir o prazer, a dor e o estresse dos outros parece inata. Se você é pai ou mãe, sem dúvida ficou admirado ao descobrir até que ponto seus altos e baixos foram incorporados em seus filhos desde o primeiro dia. Veja, por exemplo, um estudo realizado em San Francisco pela psicóloga Wendy Mendes e sua equipe.[14] Mendes convidou 69 mães e seus bebês de um ano ao laboratório. O plano era induzir estresse nas mães e observar a reação dos filhos. Vamos focalizar em duas duplas – Rachel e seu filho Roni, e Susan e sua menina Sara.

Logo depois de Rachel, Roni, Susan e Sara chegarem ao laboratório, um pesquisador da equipe de Mendes prendeu sensores em seus corpos a fim de medir as reações cardiovasculares. Esses registros refletiriam o nível de estresse das mães e das crianças. A essa altura, todos estavam felizes e relaxados. Os bebês foram então levados a uma sala de recreação para ficar com outro pesquisador, enquanto pediu-se às mães que realizassem uma tarefa: elas fariam um discurso sobre seus pontos fortes e fracos. Havia uma diferença importante entre as tarefas de Rachel e Susan: enquanto Rachel daria o discurso a um irritado grupo de juízes, Susan faria o discurso para... ninguém.

Se você fosse uma mosca na parede, teria observado Susan falando sozinha, enquanto Rachel falava diante de avaliadores exasperados. Eles aparentavam irritação; ficavam meneando a cabeça e bufando. Não foi surpresa nenhuma que, no final da provação, os sensores indicassem que Rachel transpirava e seu batimento cardíaco estava acelerado, enquanto os registros fisiológicos de Susan eram estáveis.

A seguir, a estressada Rachel foi reunida com seu filho Roni, e a relaxada Susan reencontrou a bebê Sara. Será que a taxa cardíaca dos bebês seria alterada em resposta à das mães? Embora as crianças não tivessem testemunhado os respectivos discursos, sua fisiologia se alterou rapidamente, como se elas próprias tivessem falado. O coração de Roni aumentou seis batidas por minuto depois de se reencontrar com a estressada Rachel, enquanto o de Sara caiu quatro batidas por minuto depois do encontro com a relaxada Susan.* Embora não estivessem conscientes das emoções das mães, as crianças sentiram imediatamente essas emoções no próprio corpo. Sua fisiologia estava alinhada com a de suas cuidadoras.

Esta transferência de emoções permitiu que Roni e Sara aprendessem com as mães sobre o tipo de ambiente em que se encontravam – se era perigoso, exigindo cautela, ou receptivo, devendo ser explorado. Na verdade, não foi apenas a fisiologia dos bebês que mudou com os encontros; seu comportamento também foi afetado. Depois de se reencontrar com a mãe, Sara (e os outros bebês de mães que experimentaram a condição sem estresse) ficou feliz em se envolver com os outros pesquisadores da equipe, enquanto Roni (e os outros filhos de mães que viveram a condição estressante) afastavam-se deles, evitando olhá-los nos olhos. Roni parece ter aprendido que devia ter cuidado com os outros no laboratório, enquanto Sara absorveu a noção de que os outros eram dignos de confiança.

As emoções – que são essencialmente reações corporais a acontecimentos exteriores ou pensamentos – viajam de uma pessoa para outra, entregando mensagens importantes. No estudo de Mendes,

---

* Roni e Sara representam os outros bebês no experimento; isto é, a estatística dada aqui está na média das reações dos outros bebês.

o foco estava na informação que viajava de mãe para filho, mas, naturalmente, as mensagens também viajam no sentido contrário. Quando uma criança chora, um genitor de imediato sente a dor e será impelido a amenizá-la, ajudando o mais novo.

Mas como funciona essa transferência emocional? Como seu sorriso gera alegria em mim? Como sua carranca me provoca raiva? Existem duas rotas principais. A primeira é a imitação inconsciente. Talvez você tenha ouvido falar de como as pessoas imitam constantemente os gestos, sons e expressões faciais dos outros. Fazemos isso no automático – se você erguer ligeiramente as sobrancelhas, é provável que eu faça o mesmo; se você bufar, é provável que eu bufe também. Quando o corpo de alguém expressa estresse, é bem provável que fiquemos tensos, devido à imitação, e por conseguinte sentimos o estresse em nosso próprio corpo. A segunda rota não depende da imitação; é simplesmente uma reação ao estímulo emocional. A ideia é muito simples. Como uma expressão temerosa costuma indicar que existe algo a temer, reagimos a ela com o medo – assim como reagiríamos a alguém brandindo um enorme machado vindo rapidamente em nossa direção.

A amídala da internet

Acontece que nem sempre precisamos observar as pessoas para que suas emoções reverberem. Postagens em redes sociais bastam. Veja, por exemplo, este notório experimento do Facebook.[15] Em janeiro de 2012, o Facebook manipulou o *feed* de notícias de meio milhão de usuários de forma que alguns viram um grande número de postagens positivas, enquanto outros encontraram um grande número de postagens negativas. Os pesquisadores do Facebook descobriram que os usuários que viram mais postagens positivas, como imagens de pessoas se abraçando, postaram eles próprios mensagens mais positivas. Aqueles que viram postagens mais negativas, como reclamações do serviço em um restaurante, criaram publicações mais negativas em seu mural. É verdade que não sabemos como as pessoas que postaram estavam se sentindo, mas podemos dizer que mensagens positivas e negativas viajam on-line rapidamente. A experiência não pegou bem entre os usuários, que ficaram furiosos porque a empresa os usou em uma experiência sem o seu conhecimento.

Dois anos depois, outro grupo de pesquisadores decidiu provar o mesmo argumento, dessa vez no Twitter.[16] Para evitar as questões éticas presentes no experimento do Facebook, eles simplesmente observaram os *feeds* das pessoas, em vez de manipulá-los. Tal cenário não permitiu conclusões sobre causa e efeito. Porém, os pesquisadores descobriram que quando uma pessoa postava um *tweet* edificante, seu *feed* pouco antes provavelmente incluía cerca de 4% mais *tweets* positivos do que negativos. Se uma pessoa postasse algo desmotivador, seu *feed* anterior provavelmente tinha cerca de 4% mais *tweets* negativos do que positivos.

Se você é um ávido usuário do Twitter, cuidado: tuitar é uma das atividades mais excitantes com que você provavelmente vai se envolver na maioria dos dias. Esqueça os exercícios físicos. Estudos mostram que tuitar aumenta sua pulsação, faz com que você transpire e dilata suas pupilas – todos indicadores de excitação.[17] Comparados com apenas navegar pela internet, tuitar e retuitar aumentam a atividade cerebral indicativa de excitação emocional em 75%. O simples ato de ler seu *feed* aumenta a excitação emocional em 65%.* Sempre suspeitei de que o Twitter era a "amídala da internet". Ele tem todos os ingredientes necessários para tal papel: as mensagens são rápidas, curtas e de ampla transferência. Estes aspectos instintivos do Twitter apelam a nosso sistema emocional muitas vezes, desviando-se de nossos necessários filtros (o que Daniel Kahneman notoriamente chama de nosso pensamento "rápido" e "lento").[18] Embora a ferramenta possa ser útil para transmitir informações valiosas, também pode estimular os aspectos menos comedidos de nossa natureza.

---

* Observe que estes estudos foram financiados pelo Twitter para seus próprios fins e não foram revisados por outros especialistas.

Você pode achar que suas emoções fazem parte de um processo particular que acontece apenas dentro de você. Lembre-se, porém, de que seus sentimentos vazam e são absorvidos por outras pessoas, próximas e distantes. As consequências podem ser significativas. Não só você está afetando o bem-estar alheio, como também afeta seus atos, porque o estado de espírito influi no comportamento. Já vimos como a emoção da mãe influencia rapidamente o comportamento de seu filho, mas isso pode acontecer também entre dois adultos sem qualquer parentesco.

Em um estudo, grupos de estudantes foram solicitados a completar uma tarefa juntos.[19] Sem o conhecimento dos participantes, o pesquisador havia inserido um cúmplice em cada grupo – um aluno de teatro, instruído a agir como se estivesse ou de bom humor, ou de mau humor. Sem surpresa nenhuma, as emoções do aluno de teatro rapidamente alteraram o estado de espírito dos demais. Mas não para por aí. O estado de espírito não afetou apenas o humor; afetou também o comportamento. Os grupos em que o cúmplice agia como se estivesse feliz se saíram melhor, a probabilidade de cooperar era mais alta e eles viveram menos conflitos. Os grupos em que o cúmplice agia como se estivesse de mau humor se saíram muito pior na tarefa.

É importante, então, perceber se estamos alterando as emoções das pessoas simplesmente vivendo-as nós mesmos. Da mesma forma, as emoções dos outros afetam nosso próprio estado – estamos em constante sincronia com os outros e com todos a nossa volta.

Meu cérebro é igual ao seu?

Para que a sincronia aconteça, é útil que você e seu interlocutor compartilhem cérebros e corpos semelhantes. Suponho que é por isso que gêmeos idênticos costumam sentir uma ligação metafísica. Como resultado de partilhar os mesmos genes e muitas experiências de vida, seus corpos e cérebros são fisicamente semelhantes. Subsequentemente, eles costumam reagir ao ambiente de forma similar. Quando assistem ao mesmo filme ou ouvem alguém falar, os padrões cerebrais dos dois estarão em sincronia. Por conseguinte, é fácil um prever como o outro está se sentindo, o que o outro pensa e o que dirá depois – um gêmeo simplesmente usa os próprios desejos, sentimentos e pensamentos como indicadores.

Você não precisa ter um irmão gêmeo idêntico, porém, para que uma considerável sincronia neural aconteça com outra pessoa. Na verdade, existem provas de que seu cérebro pode se alinhar com um parente muito distante – o macaco. Imagine que você está sentado em sua sala no fim do dia, com uma cerveja gelada na mão, vendo o filme preferido de sua infância, *Mogli: o menino lobo*. A seu lado, no sofá, está seu amigo humano Lenny. Ao lado dele, um macaco-cinomolgo, George. Lenny e George estão se recuperando de longos dias no laboratório, felizes por relaxar diante do desenho animado com você. Até que ponto você acha que seu padrão de atividade neural é semelhante ao de seu amigo Lenny enquanto os dois assistem ao filme? E que semelhança existe com o do peludo macaco George? Tente adivinhar: quando a sincronia entre os três estará forte e quando será rompida?

Embora esse estudo específico ainda não tenha sido feito, foi realizado outro análogo.[20] Os movimentos oculares de humanos e macacos foram registrados enquanto assistiam a trechos de três filmes sem som: um documentário da BBC sobre a vida de mamíferos, *Luzes da cidade*, de Chaplin, e *Mogli*. Os padrões de movimento ocular não são iguais aos padrões neurais, mas nos dão indícios do que os espectadores estão assistindo em dado momento. Assim, em que nível os movimentos oculares de humanos e macacos são semelhantes enquanto assistem ao mesmo filme?

Em média, seu padrão de movimentos oculares coincidirá com o de um macaco em 31% das vezes. Em cerca de um terço do tempo, você e o sr. Macaco estarão olhando para o mesmo ponto na tela.* Os dados mostraram que os momentos em que a

---

* O cientista se certificou de que estas semelhanças não pudessem ser explicadas por um padrão simples de elementos visuais, como cores vivas.

sincronia estava forte foram aqueles em que apareciam pessoas ou animais no filme. Em muitos casos, eram aqueles em que rostos e olhos eram claramente visíveis – humanos e macacos se concentraram nisso. Por estudos de imagem cerebral, sabemos que a amídala reage a rostos, em particular a olhos.[21] Esses são estímulos marcantes e, assim, provocam uma reação de excitação, em particular quando esses rostos transmitem uma expressão emocional. É provavelmente por isso que o pessoal de marketing costuma incluir rostos em anúncios e sites da internet – a esperança deles é prender a atenção (humana).

E o seu amigo Lenny? Se você e seu amigo Lenny estão vendo o mesmo filme, o padrão de movimentos oculares vai coincidir, em média, 65% do tempo. Considere o seguinte: se você assistisse a um filme na segunda-feira, depois revise o mesmo filme na terça, em 70% do tempo seus olhos acompanhariam um padrão semelhante ao percorrer a tela. Em outras palavras, o nível de sobreposição em como *você* vê o filme em duas ocasiões distintas é semelhante à variação em como você e Lenny veem o filme. O que o estudo sugere é que os cérebros de humanos aparentemente diferentes, e até de não humanos, reagem de forma relativamente semelhante, em particular em resposta a sinais que despertem emoções ou excitação e em reação a narrativas (como os filmes).

Quando estamos sentados em um auditório ouvindo um discurso, ou em uma sala de cinema vendo um filme, ou em casa lendo um livro, não estamos conscientes de que a tempestade neural em nossa mente é semelhante à de outras pessoas que viram o mesmo filme, ouviram o mesmo discurso ou leram o mesmo livro. Isso não quer dizer que não existam diferenças individuais – tal sugestão seria ridícula. Na verdade, existem diversas impressões digitais neurais em todos nós. Todavia, uma grande proporção de nosso comportamento pode ser explicada pelas semelhanças, não pelas diferenças. Quando faço experiências no laboratório, costumo ficar admirada com a semelhança com que as pessoas reagem a perguntas e realizam tarefas, em particular quando essas tarefas envolvem fatores emocionais ou sociais. Em muitos casos, 80% das reações da pessoa podem ser previstas com base na reação média, e apenas 20% são atribuídas a diferenças individuais. O furacão neural em sua cabeça neste momento é extraordinariamente semelhante ao de outros leitores que correm os olhos pela mesma frase, mesmo que eles estejam lendo em uma língua diferente.

Na vida, tendemos a nos concentrar em nossas diferenças, porque elas transmitem a maior quantidade de informações sobre o que torna cada pessoa única. Esquecemo-nos de que embora as pessoas, às vezes, pareçam e falem de um jeito diferente do nosso, nosso cérebro é organizado de forma muito semelhante e reagirá de um jeito similar se o estímulo for o mesmo.

A semelhança da maquinaria de nossa mente pode não ser uma concepção de fácil aceitação, porque de nosso ponto de vista – de dentro de nosso crânio – nosso mundo mental parece inteiramente singular. É difícil imaginar que os outros a nossa volta apresentam padrões neurais de atividade muito parecidos – e, portanto, estados mentais, pensamentos e sentimentos semelhantes. Como é possível que outra pessoa, fora de mim, seja tão parecida comigo? Entretanto, a arquitetura básica de nosso cérebro é extraordinariamente semelhante e, em geral, produz reações similares quando diante dos mesmos acontecimentos e estímulos.

O grande benefício de partilhar função e estrutura cerebral semelhantes é que isso facilita a transmissão de ideias, o que significa que não precisamos navegar pelo mundo sozinhos. Uma das formas mais poderosas de transmitir ideias com eficácia é partilhar sentimentos. As emoções são especialmente contagiantes; quando expressamos sentimentos, estamos dando forma ao estado emocional dos outros e, assim, aumentamos a probabilidade de que a pessoa diante de nós leve nosso ponto de vista em consideração. Mas será que qualquer tipo de emoção funciona? Você deve despertar risos ou medo? Esperança ou pavor? No próximo capítulo, responderemos a essas perguntas.

CAPÍTULO 3

Você deve induzir as pessoas à ação pelo medo? (Incentivos)

Motivando pelo prazer e paralisando de medo

"Funcionários: lavem as mãos!" Você encontra placas assim nos toaletes de muitos bares e restaurantes. Já se perguntou se os trabalhadores obedecem a essas ordens? Os Centros para Controle e Prevenção de Doenças (CDC) se fizeram tal pergunta. Para descobrir a resposta, fiscais de saúde dos CDC visitaram centenas de restaurantes e lanchonetes nos Estados Unidos e gravaram abertamente as práticas de higiene dos empregados. (Sugiro que você se sente antes de continuar a leitura.) Acontece que gritantes 62% dos empregados não lavam as mãos. Este é um problema grave. Todo ano, só nos Estados Unidos, 60 mil pessoas são hospitalizadas depois de comer em um restaurante ou lanchonete devido a uma doença alimentar que poderia ter sido prevenida com melhores práticas de higiene.[1]

Gostaria de lhe dizer que o problema é específico de quem trabalha em cozinhas; talvez algo relacionado ao cheiro maravilhoso de ensopado de cordeiro distraia as pessoas da lavagem das mãos. Infelizmente, porém, o problema se estende para bem além das cozinhas. Os hospitais, por exemplo. A higienização em ambientes médicos é extremamente importante para prevenir a disseminação de doenças. Equipes de saúde são repetidamente conscientizadas da gravidade da situação e cartazes de alerta são colocados junto de dispensadores de gel desinfetante. Infelizmente, porém, o índice de observância em seu centro médico local não deve ser muito mais elevado do que no fast-food da esquina. O índice médio de observância relatado para a higiene das mãos em centros médicos é de 38,7%, não muito distante dos 38% relatados para os restaurantes.² E não são apenas integrantes de equipes médicas e cozinheiros que deixam de lavar as mãos. De acordo com um estudo da Universidade do Estado de Michigan, apenas 5% da população lava as mãos corretamente (isto é, com água e sabão por pelo menos 15 segundos) depois de usar um banheiro público.³

Como, então, fazer com que as pessoas lavem as mãos? A solução revela pistas surpreendentes sobre o que motiva as pessoas e pode remontar à organização estrutural do cérebro humano.

Ótimo turno!

Em 2008, um grupo de pesquisadores da Universidade Estadual de Nova York deu início a um programa ambicioso.⁴ Tinham 24 meses e 50 mil dólares para aumentar de forma significativa a higienização das mãos em hospitais. Uma unidade de tratamento intensivo (UTI) no nordeste dos Estados Unidos foi escolhida como estudo de caso. A unidade já estava equipada com dispensadores de gel desinfetante fáceis de usar, pias em cada ambiente e placas para todo lado lembrando a equipe médica de que devia lavar as mãos. Entretanto, a observância era alarmante de tão baixa.

O que poderia ser feito? A equipe fez um *brainstorming* durante semanas, e então comprou 21 câmeras de vigilância. As câmeras foram cuidadosamente instaladas na UTI, apontando para dispensadores de gel e pias. O plano era transmitir as gravações ao vivo pela internet à Índia, onde vinte auditores podiam monitorar os atos da equipe médica 24 horas por dia, sete dias na semana, a fim de determinar o índice de higienização. Sensores de movimento nas portas alertavam os auditores sempre que um integrante da equipe entrava ou saía do quarto de um paciente.

Não era uma situação do tipo "câmera oculta", porque a equipe médica estava ciente da vigilância. O que chocou, contudo, é que embora eles soubessem que estavam sendo gravados, apenas um em dez integrantes da equipe observava as regras da lavagem das mãos. Isso significava que não bastava apenas vigiar. Os pesquisadores precisavam pensar em algo melhor. Por sorte, eles tiveram uma ideia.

O que eles fizeram mudaria o comportamento da equipe médica quase de imediato. Instalaram um quadro eletrônico em cada ambiente, dando à equipe *feedback* imediato de como estava agindo. Sempre que um médico, enfermeiro ou outro trabalhador lavava as mãos, os números no quadro se acendiam. Esses números indicavam como o turno em serviço estava se saindo: que porcentagem dos trabalhadores de fato lavaram as mãos e qual era o índice semanal. O que aconteceu? A observância disparou para quase 90%!

Esses resultados são impressionantes. Na verdade, são tão inacreditáveis que a maioria dos cientistas os trataria com desconfiança. Assim, os pesquisadores tentaram reproduzir seus resultados em outro setor do hospital. É claro que foram observadas as mesmas descobertas.[5] No segundo setor, um em três integrantes da equipe médica higienizava as mãos antes da instalação do quadro eletrônico, um índice mais próximo da média nacional. Depois foi introduzido o *feedback* eletrônico e – *bum!* A observância aumentou mais uma vez, para cerca de 90%.

Por que essa intervenção funciona tão bem? Para resolver o mistério, precisamos pensar no que havia de diferente na abordagem da equipe. O que os pesquisadores de Nova York fizeram na UTI daquele hospital que ninguém mais estava fazendo?

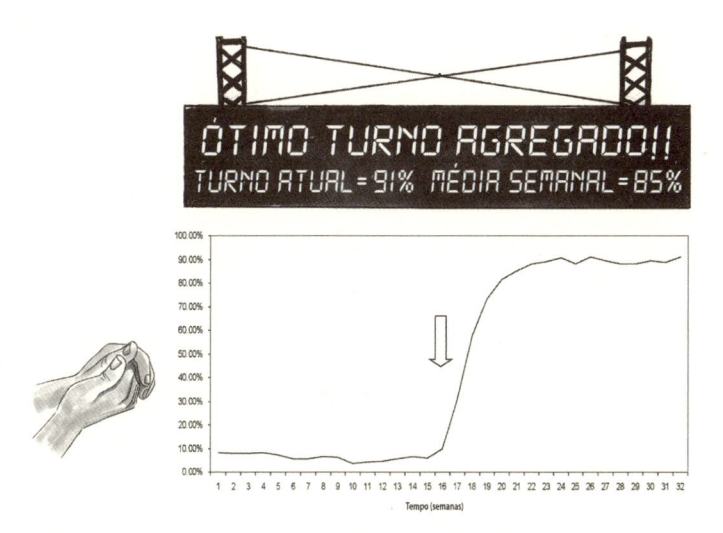

Figura 3.1 – *Motivando a equipe médica a higienizar as mãos com* feedback *positivo em vez de ameaças. A observância da equipe na UTI começou em 10% e disparou para quase 90% depois da instalação de um quadro eletrônico dando* feedback *em tempo real.*

Expectativa de prazer e dor

O grande polímata do século XVIII Jeremy Bentham começa sua obra mais influente com a declaração: "A natureza colocou a humanidade sob o governo de dois mestres soberanos, a *dor* e o *prazer*. Só a eles cabe apontar o que *devemos fazer*, bem como determinar *o que faremos*. (...) Eles nos governam em tudo o que fazemos, tudo o que dizemos, tudo o que pensamos."[6]

Tomo alguma liberdade ao pressupor que Bentham usou os termos "dor" e "prazer" de forma ampla, descrevendo sentimentos bons e ruins. O "prazer", uma emoção positiva, pode ser obtido de um leque de estímulos e ocorrências: de recompensas materiais, carinho, reconhecimento, admiração, esperança – e procuramos estas experiências de maneira incessante. Da mesma forma, somos motivados a nos esquivar da dor física e emocional. Tentamos fugir da doença e do tormento social, evitar a perda de um ente querido ou de um bem material. E a lista continua.

Assim, não é surpresa que quando tentamos conseguir que os outros ajam, em geral oferecemos uma recompensa (ou seja, um prêmio material ou emocional) ou alertamos sobre uma perda (ou seja, uma punição material ou emocional). Prometer a um empregado uma promoção se ele trabalhar em turnos mais extensos é um prêmio. Assim como dizer a seu parceiro que você o ama depois que ele lava os pratos. Ameaçar seu filho com um castigo se ele não fizer o dever de casa é uma punição, assim como dizer ao paciente que ele deve começar a se exercitar ou correrá o risco de adoecer.

O brilhantismo do quadro eletrônico na UTI foi que em vez de usar uma ameaça, abordagem comum numa situação dessas, os pesquisadores decidiram por uma estratégia positiva. Avisar a equipe sobre a disseminação de doenças é a estratégia de punição padrão. A equipe de pesquisa, porém, ofereceu prêmios – recompensas imediatas na forma de *feedback* positivo.* Sempre que alguém da equipe médica lavava as mãos, os números no quadro aumentavam, acompanhados por um comentário personalizado positivo, como "Você está indo muito bem!". A expectativa da sensação calorosa e acolhedora que acompanha esse *feedback* positivo imediato impeliu os funcionários a fazer algo que não faziam com frequência (higienizar as mãos) e, depois de algum tempo, a prática tornou-se um hábito. Estudos revelam que o *feedback* positivo imediato não precisa continuar eternamente para que as pessoas mantenham o comportamento desejado. Mesmo depois de sua retirada, as pessoas normalmente continuarão com os mesmos atos por um período significativo, simplesmente porque isso se tornou arraigado no repertório de seus comportamentos.

---

* Este não é o único aspecto brilhante da abordagem. O quadro eletrônico também deu uma indicação de normas sociais – o que os outros estão fazendo –, bem como competição entre os turnos. A importância do aprendizado social é discutida no capítulo 7.

Isso é surpreendente. É de se pensar que a possibilidade de disseminar doenças, infectar a si mesmo e aos outros seria um motivador forte para induzir a ação. É essa lógica que nos leva a tentar alterar o comportamento dos outros pelo medo. Todavia, o mero *feedback* positivo impeliu à ação com muito mais eficácia do que os avisos ou ameaças. Pode parecer estranho, mas se encaixa bem com o que sabemos a respeito do cérebro. Quando se trata de suscitar a ação, recompensas imediatas costumam ser mais eficazes do que o castigo futuro. Para entender por quê, precisamos primeiro aprender sobre a lei da aproximação e desvio.

A lei da aproximação e desvio

Imagine que certa manhã você acorde e descubra que as regras físicas que regem seu mundo foram alteradas da noite para o dia. Não permitiram nem um alerta antecipado. Na verdade, quando você foi dormir na noite anterior, não havia nenhum sinal do que estava para acontecer. Em sua rotina normal, você leu rapidamente sua fonte preferida de notícias, depois colocou seu smartphone na mesa de cabeceira e apagou a luz.

Quando você acorda, oito horas depois, e quer pegar o telefone, acontece algo estranho – um evento que você jamais viveu. No momento em que seu braço se estende para o aparelho de metal piscante, ele quica para fora da mesa. Você se levanta, numa tentativa de pegar o dispositivo em fuga, porém, quanto mais você acelera, mais rápido ele escapa. Depois de sair pela porta do quarto, ele rola pelo corredor e entra na cozinha. "Hmmm", você pensa, "será que esse é um daqueles casos estranhos de invasão por hacker de que a gente ouve falar? Talvez alguém tenha invadido meu telefone e agora o controla de longe com um ímã gigante!"

Você deduz que é melhor clarear a mente antes de investigar mais. Assim, entra no banheiro para lavar o rosto. Está distraído e, por engano, abre a água quente. Mas, quando pula para trás, evitando se queimar com as gotas ferventes, elas se movem *na sua direção*, caindo em seu rosto perplexo. E quando você estende a mão para a toalha, o tecido branco se *afasta*.

É como se você tivesse entrado em um universo alternativo, da mesma forma que Alice através do espelho. Que leis foram alteradas? Como você pode entender isso? E, se for assim, será que seu cérebro pode se adaptar flexivelmente às regras de um ambiente diferente daquele no qual evoluiu? Ou somos equipados para interagir unicamente com o mundo físico colonizado por nossos ancestrais?

Em 1986, o psicólogo Wayne Hershberger realizou uma experiência engenhosa para testar justamente isso. Ele construiu um ambiente em que foi invertido um dogma fundamental segundo o qual todos vivemos – a lei da aproximação e desvio.[7] Tal princípio, que norteia nosso comportamento cotidiano, é quase tão básico quanto a gravidade. Na verdade, é tão rudimentar que o repetir em voz alta soa como dizer que o sol nasce pela manhã e se põe à noite. Ainda assim, vamos lá.

A lei da aproximação e desvio declara que nos aproximamos daquelas pessoas, objetos e acontecimentos que acreditamos que podem nos fazer bem e evitamos os que podem nos prejudicar. Em outras palavras, executamos os atos para nos aproximar de uma fatia de torta, um ente querido ou uma promoção, e nos distanciamos de um alérgeno, um relacionamento ruim ou um projeto fracassado. Avançamos para o prazer e fugimos da dor.

Talvez você nunca tenha pensado nesta regra elementar do comportamento, mas deveria. Porque o que estamos prestes a ver é que, embora não tentemos pegar o pôr do sol às oito da manhã ou o nascente às oito da noite, frequentemente e de forma inconsciente desafiamos a lei da aproximação e desvio quando tentamos influenciar os outros. E mesmo que as leis do comportamento não sejam tão deterministas quanto as da física, tentar contrariá-las nos deixa em desvantagem quando procuramos induzir uma ação. Mas estou me adiantando muito.

Voltemos ao genial experimento de Hershberger. Ele queria saber se nascemos com uma tendência fundamental para procurar o bem e nos afastar do mal. Será que o cérebro é literalmente equipado de modo que a busca do prazer esteja ligada com a ação direta? Se for assim, seríamos capazes de reverter essa combinação, se necessário? Em outras palavras, ele queria saber o que aconteceria se evitar o fogo exigisse uma aproximação maior da chama. Este não é meramente um enigma teórico. Existem exemplos em que ganhar o que você quer envolve afastar-se do objeto. Pense, por exemplo, na necessidade de abandonar um parceiro amoroso errático, para que o distanciamento entre vocês por fim leve esta pessoa a sentir sua falta e vir correndo de volta; ou pense em um bombeiro que corre para um incêndio a fim de salvar vidas.

Para investigar a lei da aproximação e desvio, Hershberger reuniu quarenta pintinhos amarelos que tinham sido chocados pouco tempo antes. Um por um, os pintos recém-nascidos foram colocados em um corredor reto contendo uma tigela de comida. Imediatamente depois de ver a tigela, todos os pintos partiram para ela. Embora fossem novos no mundo, nasceram sabendo que é necessário avançar para a comida a fim de obtê-la. Foi quando Hershberger fez seu pequeno truque. Quando os pintos avançaram para a tigela, Hershberger a afastou no dobro da velocidade. Quanto mais rápido os pintinhos corriam para o alimento, mais rápido a comida escapava. Nesse estranho novo mundo, aproximar-se não era a resposta para conseguir o que se queria.

Como, então, eles conquistariam as sementes? Quando os pintos se afastavam da comida, Hershberger a movia na direção deles no dobro da velocidade. Assim, para conseguir as sementes deliciosas, os pintinhos precisavam aprender uma regra relativamente simples: distancie-se do que você gostaria de obter e o objeto o seguirá. Embora fossem vorazes e motivados para resolver o enigma, os pintos não conseguiram superar o instinto de avançar para o prêmio. O problema era que a nova regra desafiava o ambiente com que seu cérebro estava equipado para lidar. Por mais oportunidades que recebessem, eles foram incapazes de vencer a forte tendência de se aproximar do troféu, mesmo quando isto significava jamais obtê-lo. Continuaram famintos.

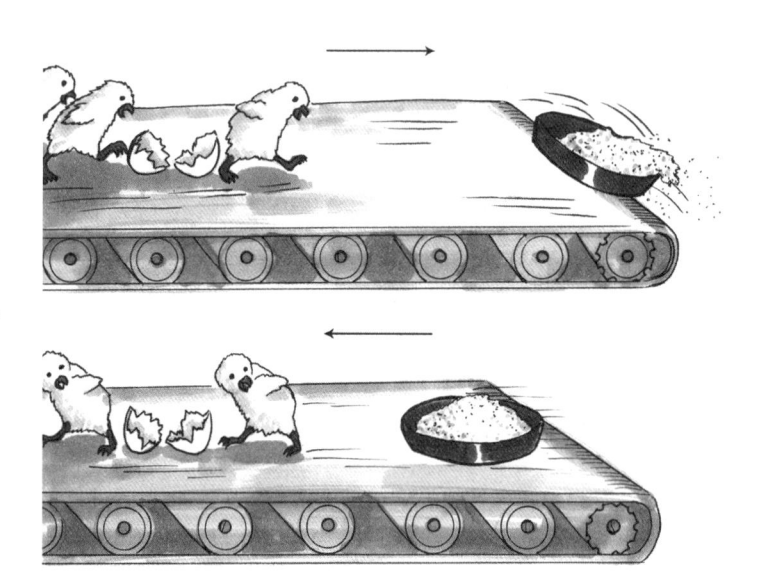

Figura 3.2 – *É difícil desaprender o comportamento de aproximação. Quando pintos em uma esteira avançavam para um prato de grãos, o prato se afastava deles. Os pintos não conseguiram aprender que, para obter os grãos, precisavam se distanciar do prato.*

Esse estudo foi um dos primeiros a indicar que os animais nascem com um esquema de comportamento embutido de aproximação e desvio. Mas o que isso significa para a espécie humana?

Vá, não vá

O ser humano é um pouco parecido com os pintinhos. Também temos um viés para avançar para fontes de prazer e nos afastar de fontes de dor, porque, em geral, é eficaz. Este viés está arraigado. Nosso cérebro é equipado de tal modo que contar com uma recompensa não só estimula a aproximação, como é mais provável que desperte também a ação. O medo de uma perda, por outro lado, mais provavelmente incitará a *ina*ção. Essa assimetria explica em parte por que o *feedback* positivo teve mais sucesso em fazer com que os integrantes da equipe médica lavassem as mãos (o comportamento de aproximação) do que ameaçá-los com a doença; do ponto de vista biológico, somos equipados com a expectativa de que boas coisas despertam a ação.

Pense em uma experiência que eu e meus colaboradores realizamos alguns anos atrás na University College London.[8] O estudo foi liderado pelo neurocientista e psiquiatra Marc Guitart-Masip, que agora trabalha no Karolinska Institutet, na Suécia. Um dos participantes da experiência de Marc foi Edvard, norueguês instruído e meticulosamente vestido. Edvard sentou-se diante de um computador e foi solicitado a colocar os dedos delicadamente na barra de espaço. Sua tarefa era relativamente fácil: ele veria uma de quatro figuras na tela – digamos, uma pintura de Klee, outra de Picasso, uma terceira de Kandinsky e uma quarta de Matisse.* Sempre que Edvard visse uma pintura de Klee, deveria pressionar a barra de espaço com a maior rapidez possível para ganhar 1 dólar. Chamarei essa situação de "aja e será recompensado". Não é de surpreender que Edvard apertasse rapidamente a barra de espaço para obter o dólar sempre que aparecia uma pintura de Klee na tela – exatamente como os membros da equipe médica da UTI rapidamente passaram a lavar as mãos quando saíam do quarto de um paciente para aumentar sua pontuação no quadro eletrônico. Mas será que Edvard se sairia igualmente bem quando tivesse de pressionar um botão para evitar uma perda?

Quando a pintura de Picasso apareceu na tela, disseram novamente a Edvard para pressionar um botão com a maior rapidez possível. Dessa vez, porém, bater na barra de espaço não lhe garantia 1 dólar, mas, em vez disso, evitaria que ele perdesse esse

---

* Na realidade, os estímulos usados foram imagens abstratas.

valor. Chamarei essa situação de "trabalhar para evitar os danos". Essa situação equivale a lavar as mãos para não contrair uma infecção, ou a um estudante que "toma bomba" e é designado a um projeto extra para não ser expulso da turma. É uma estratégia "Vá" para escapar de uma perda. Edvard conseguiu aprender a regra, mas 30% dos participantes do estudo, não. E não é só isso. Como a maioria dos outros participantes, Edvard foi mais lento para pressionar a barra de espaço e evitar a perda de 1 dólar do que para pressionar a fim de ganhar 1 dólar. Também era mais provável que ele deixasse inteiramente de pressionar a tecla, como a equipe médica que costumava deixar de higienizar as mãos. Por que isso acontece?

O cérebro humano é constituído para associar a ação "direta" com uma recompensa, não com a prevenção de um dano, porque é frequentemente (mas nem sempre) a resposta mais útil. A situação em que Edvard se viu desafiava a lei da "aproximação e desvio". Quando estamos diante da possibilidade de adquirir algo bom, nosso cérebro desencadeia uma série de acontecimentos biológicos que aumentam a probabilidade de agirmos rapidamente. Isso é conhecido como a reação "Vá" do cérebro e envolve sinais com origem em uma região encefálica profunda conhecida como o mesencéfalo. Os sinais sobem pelo cérebro até o corpo estriado, perto do centro do cérebro e, por fim, as regiões do córtex frontal que controlam as reações motoras.

Ao contrário, quando temos a expectativa de algo ruim, nosso instinto é o de nos retirar. O cérebro desencadeia uma reação "Não Vá". Esses sinais também têm origem no mesencéfalo e sobem pelo cérebro até o corpo estriado e o córtex frontal. Porém, ao contrário dos sinais "Vá", eles *inibem* uma reação. Por conseguinte, é mais provável que executemos um ato quando temos expectativa de algo bom do que quando esperamos alguma coisa ruim.[9]

Expectativa por ação

Se você quiser que alguém aja rapidamente, pode ser melhor prometer uma recompensa que evoque uma expectativa de prazer do que ameaçar com uma punição que evoque uma expectativa de dor. Quer você esteja tentando motivar a equipe a trabalhar mais intensamente ou seu filho a arrumar o quarto, lembre-se da reação "Vá" do cérebro. Criar expectativas positivas nos outros – talvez um reconhecimento semanal dos funcionários mais produtivos no site da empresa ou a possibilidade de encontrar um brinquedo amado debaixo de uma pilha de roupas – pode ser mais eficaz como motivador da ação do que a ameaça de um corte no pagamento ou um castigo.

Pense, por exemplo, em uma mulher que conheci recentemente – vamos chamá-la de Cherry. Ela me procurou para contar sua experiência depois de uma palestra que dei em sua empresa. Por muito tempo, ela esteve tentando convencer o marido a frequentar a academia. Ao contrário dela, ele não era um grande fã dos exercícios. Numa tentativa de mudar seus hábitos, ela falou educadamente de sua barriga crescente. Não deu certo. Ela o avisou do risco elevado de doença cardíaca para quem não se exercita – também foi em vão. E então, certa noite, depois de o marido voltar de uma rara ida à academia, ela elogiou seus músculos definidos. No dia seguinte, ele foi de novo. Desde que ela deixasse claro para ele o aumento em sua atração física, ele continuava voltando, sem parar. Uma leve mudança no *feedback* de Cherry – de destacar as possíveis consequências negativas de longo prazo de não se exercitar para dar ênfase às consequências positivas imediatas – fez toda a diferença.

Em outra ocasião, um gerente sênior de uma empresa de muito sucesso me procurou para contar sua história. Vou chamá-lo de Sam. Alguns anos antes, Sam enfrentou um problema que poderia ter lhe custado milhões de dólares. Um cliente ameaçou levar seus negócios para outro lugar se Sam não conseguisse cortar 20% do custo do projeto do cliente em um mês. A pressão era alta e Sam teve de colocar a equipe trabalhando a toda numa solução. Ele podia ter abordado sua equipe como faria a maioria das pessoas. Seria algo parecido com isso: "Olha, gente, temos um problema grave. Nosso cliente ameaça ir embora e levar seus milhões se não descobrirmos um jeito de cortar o orçamento do projeto em 20% imediatamente. Assim, vamos começar e dar tudo o que temos para garantir que isso não aconteça." Mas ele decidiu por uma abordagem diferente: "Muito bem, pessoal, agora temos um desafio. Precisamos encontrar um jeito de cortar o orçamento do projeto de nosso cliente em 20% para que ele continue conosco e para ganhar milhões. Escrevi nossa meta em caracteres grandes no quadro da sala de descanso. Vamos atualizar nosso progresso todo dia, à medida que avançarmos. Vamos conseguir." De acordo com Sam, funcionou como mágica. A equipe foi energizada. Acompanharam seu progresso no quadro, foram estimulados a cada avanço e acabaram ultrapassando a meta.

Darei outro exemplo, que vem se tornando mais relevante na era das redes sociais: os pedidos de *crowdfunding*. Os sites de *crowdfunding* são aqueles em que os indivíduos apelam por financiamento de outras pessoas. Em geral, o apelo inclui uma foto e um curto parágrafo descrevendo o pedido. Pense em dois desses apelos. O primeiro é acompanhado por uma foto de uma jovem feliz e radiante ao sol. Essa mulher ficou gravemente doente e precisa de um tratamento médico caro. O segundo pedido é acompanhado por uma foto de um homem deitado e flácido em um leito hospitalar, com tubos entrando e saindo de seu corpo, o desespero nos olhos. Ele também adoeceu e precisa de tratamento médico caro. Qual dos dois você acha que mais provavelmente receberá financiamento?

Alexander Genevsky e Brian Knutson, da Universidade Stanford, examinaram 13.500 solicitações de financiamento na internet.[10] Descobriram que os apelos com fotos que despertavam sentimentos positivos, em particular aquelas que retratavam pessoas sorridentes, tinham uma probabilidade maior de serem financiados do que aqueles suplementados por imagens negativas. Isso é surpreendente, considerando com que frequência os pedidos de ajuda são acompanhados por imagens repugnantes. A foto do paciente no hospital pode despertar compaixão, mas também estimula uma reação instintiva para nos distanciarmos da angústia e rejeitarmos a situação. Já em resposta a imagens positivas, as pessoas vivem uma "reação de aproximação" e se envolvem. A imagem de uma pessoa saudável e feliz facilita imaginar a possibilidade de progresso para a recuperação, o que motiva as pessoas a ajudar. A imagem de uma pessoa doente dificulta imaginar um final feliz e, em geral, resulta em passividade.

Genevsky e Knutson queriam saber se podiam prever que apelos de *crowdfunding* teriam sucesso e quais seriam ignorados. Reuniram muitos dados, inclusive a quantia solicitada e quantas palavras eram usadas na publicação. Pediram a um grupo de pessoas para classificar como se sentiam diante das solicitações, e registraram a atividade cerebral de 28 pessoas enquanto elas consideravam os apelos. Os pesquisadores descobriram que a melhor maneira de prever o sucesso de um apelo pela internet era ver a reação do núcleo *accumbens*. O núcleo *accumbens* é a parte do cérebro que processa sentimentos de prazer; às vezes, é chamada de "centro de recompensa", porque sinaliza a expectativa de recompensas futuras. Se o núcleo *accumbens* foi fortemente ativado enquanto as pessoas pensavam em uma solicitação, provavelmente aquele financiamento teria sucesso. Ver a atividade cerebral no núcleo *accumbens* de um pequeno grupo de voluntários foi a melhor forma de prever como milhares de outras pessoas reagiriam on-line, melhor do que simplesmente perguntar aos voluntários se eles estariam dispostos a financiar o projeto ou como eles se sentiam. Às vezes, examinar diretamente o cérebro pode nos dar uma indicação mais pura do que acontece na mente de alguém do que pedir à pessoa que faça uma introspecção.

Paralisado no meio da estrada

Sam, o gerente, Cherry, a esposa, e a equipe de pesquisa da UTI deram recompensas, fossem materiais ou não, em vez de alertas. Em todos esses incidentes, combinar as solicitações para a ação com resultados positivos, em vez de ameaças, foi importante para induzir a mudança. Mas o que acontece quando o objetivo é que as pessoas evitem a ação?

Voltemos a nosso experimento para descobrir. Quando uma tela de Kandinsky ou Matisse era apresentada na tela, Edvard não devia fazer nada. Se ele não fizesse nada depois de ver um Kandinsky, ganharia 1 dólar. Isso é parecido com um professor elogiando um aluno por se sentar em silêncio na aula. Em contraste, se nada fizesse depois de ver um Matisse, Edvard evitaria perder 1 dólar. Essa situação equivale a um aluno sentado em silêncio para não ser punido pelo professor. Mais uma vez, Edvard se saiu bem, mas foi ligeiramente melhor ao continuar imóvel para evitar uma perda do que ao continuar imóvel para ganhar uma recompensa. Isso porque, quando diante da possibilidade de uma perda, uma reação "Não Vá" é ativada no cérebro, inibindo a ação.

Portanto, quando seu objetivo é levar outra pessoa a não fazer algo – uma criança a não comer um biscoito ou um funcionário a não transmitir informações confidenciais a pessoas não autorizadas –, avisar das más consequências pode ser mais eficaz do que prometer recompensas. Na verdade, as ameaças imediatas podem nos levar à completa paralisia.

Talvez você já tenha ouvido falar que cervos ficam paralisados diante da luz dos faróis. Ora, também ficamos petrificados quando temos medo. Outro dia eu estava atravessando uma rua movimentada em Boston. Como divido constantemente meu tempo entre os Estados Unidos e o Reino Unido, é comum que eu olhe para o lado errado antes de atravessar. Essa confusão me causou problemas várias vezes. Naquela ocasião, eu atravessava uma avenida, e virei a cabeça para a esquerda quando deveria virar para a direita. Na metade da travessia, vi um veículo vindo na minha direção, do lado inesperado, com uma velocidade preocupante. Um alarme soou dentro da minha cabeça; o medo me dominou. Na minha imaginação, eu me vi sendo achatada como uma pizza pelo carro em movimento. Minha primeira reação foi estacar. Por uma fração de segundo, fiquei petrificada, bem ali, no meio da rua. Só depois de recuperar os sentidos pude escapar. Cheguei ao outro lado incólume, mas podemos imaginar uma situação em que aqueles poucos milissegundos perdidos teriam feito uma grande diferença.

Por que a evolução nos equipou com uma reação de paralisia? Para responder à pergunta, precisamos pensar em uma época em que nosso objetivo primordial era escapar de predadores. Para não sermos mastigados por um leão ou um tigre, tínhamos três alternativas: (a) correr com a maior velocidade possível, (b) lutar com a maior força possível, ou (c) continuar inteiramente imóveis. Mas por que íamos querer ficar parados? Ora, se não nos mexêssemos, podíamos passar despercebidos. A espécie humana e outros animais sabem muito bem detectar movimento, mesmo pelo canto dos olhos, e assim podemos nos salvar se ficarmos imóveis quando nossa vida é ameaçada. O segundo motivo para a paralisia é se fingir de morto.* Muitos predadores evitarão animais mortos, porque podem provocar doenças. Na verdade, os guardas florestais de parques nacionais aconselham quem acampa a se fingir de morto se por acaso for atacado por um urso-negro. Fingir-se de morto pode ser uma boa estratégia para ser deixado em paz, um motivo para termos herdado uma reação de paralisia ao medo que costuma preceder a reação de "luta ou fuga".[11]

Os sobreviventes de acidentes aéreos, em geral, descrevem passageiros sentados em seus assentos, petrificados, dominados pelo medo ou pelo choque e não tentando escapar. O comportamento

---

* Análises de recentes atos terroristas, como os tiroteios em um teatro de Paris e em uma casa noturna em Orlando, revelaram que, embora algumas pessoas tenham sobrevivido ao tiroteio se fazendo de mortas, em outros casos o atirador disparou nas vítimas que acreditava mortas, num aparente ataque de fúria.

deles se assemelha ao de camundongos no laboratório. Se você treinar um camundongo para associar um ruído específico com a descarga de um choque elétrico, observará o camundongo petrificado sempre que ouvir este som, na expectativa da dor iminente. Às vezes, verá essa reação mesmo que o camundongo tenha uma rota de fuga. A reação de paralisia é gerada pela amídala, uma pequena estrutura no fundo do cérebro envolvida no processamento das emoções.[12] Se, porém, você treinar o camundongo para associar um som específico com a chegada de algo bom (como um camundongo atraente do sexo oposto), observará o animal andando por sua câmara com uma excitação nervosa – demonstrando a relação entre expectativa de recompensa e ação.*

O medo e a ansiedade, em muitos casos, nos levarão à retração, à paralisia, a desistir em vez de tomar uma atitude. Não estou dizendo que é o que sempre acontece, mas você provavelmente notará a reação com frequência, se prestar atenção. Contudo, esse não é o único motivo para que a equipe da UTI não fosse convencida a higienizar as mãos pela ameaça de doenças, ou porque a possibilidade de obesidade não bastou para colocar o marido de Cherry na academia. Existe outro motivo: a *iminência*.

---

* Alguns leitores podem se perguntar como isto se relaciona com o fenômeno da "aversão à perda". A aversão à perda é a tendência das pessoas, diante de alternativas, de preferir evitar uma perda em vez de obter uma recompensa. Em outras palavras, quando tomam uma decisão (por exemplo, se investem em ações no mercado), as pessoas darão mais peso ao que elas podem perder do que ao que podem ganhar. A existência da "aversão à perda" não se traduz, porém, em um aumento na ação diante de uma perda possível se comparada com um ganho possível. Os poucos estudos que foram interpretados deste modo podem ser explicados de outro jeito. Por exemplo, em um estudo, um grupo de professores recebeu 4 mil dólares e soube que o dinheiro seria retirado se as notas de seus alunos não melhorassem. Os professores de outro grupo tiveram a promessa de 4 mil dólares se as notas dos alunos melhorassem. O primeiro grupo se saiu melhor. Embora a interpretação deste estudo mostrasse o impacto do medo sobre a motivação, você também pode pensar nos resultados como o reflexo do impacto de recompensas imediatas – 4 mil dólares já no bolso – em detrimento de recompensas futuras.

Me dê isso agora!

Já ouviu falar no "teste do marshmallow"? Alguns estudos em psicologia ficam tão famosos que passam a fazer parte de nosso léxico cotidiano. Este, publicado em 1988 por Walter Mischel, professor de psicologia da Universidade de Columbia, é um deles. Mischel e seus colegas, à época na Universidade Stanford, publicaram um artigo no *Journal of Personality and Social Psychology* com o título despretensioso de "The Nature of Adolescent Competencies Predicted by Preschool Delay of Gratification" [A natureza das competências adolescentes previstas pelo adiamento da recompensa na pré-escola].[13] O estudo é retratado como uma demonstração da importância do autocontrole para o sucesso. (Na realidade, posteriormente Mischel escreveu um livro intitulado *O teste do marshmallow: Por que a força de vontade é a chave do sucesso*.) Porém, essa interpretação popular talvez não conte toda a história. Acredito que exista mais no experimento do marshmallow do que entendemos à primeira vista. Antes, porém, vou resumir a experiência original antes de propor uma nova lição que podemos extrair dela.

No final dos anos 1960, Mischel entrou em contato com os administradores da Bing Nursery School da Universidade Stanford para saber se os alunos da pré-escola poderiam participar de uma experiência. Eles concordaram. As crianças, com idades de 4 a 6 anos, foram levadas a uma sala uma por uma e colocadas, sentadas, diante de uma mesa. Sobre a mesa estava uma guloseima, como um biscoito ou um marshmallow. Imagine, por exemplo, o pequeno Peter. Peter é uma criança faladeira. Como muitos outros em idade pré-escolar, ele tem um entusiasmo especial por empurrar veículos – trens, tratores, aviões, carros. Também gosta especialmente de doces, inclusive, isso mesmo, marshmallows. Peter entra na sala e sua atenção é imediatamente atraída à guloseima cor-de-rosa e macia que espera ser saboreada. O pesquisador informa a Peter que precisa sair por um tempinho enquanto recebe outra criança,

Allen. Nesse meio-tempo, Peter pode comer o marshmallow, se quiser. Porém, se esperar pela volta do pesquisador, receberá não apenas um, mas dois marshmallows!

Peter fica sozinho na sala. O que ele fará? A maioria das crianças espera pela volta do pesquisador com o segundo marshmallow; só então come os dois. Mas não é fácil para elas. As crianças adotam estratégias diferentes para se distrair do prêmio. Algumas sentam sobre as mãozinhas para garantir que seus dedos não encontrem o caminho para a macia guloseima. Outras se distraem recitando versinhos infantis. Por que é tão difícil para as crianças se furtar de comer o marshmallow?

Pense na experiência Vá/Não Vá de Marc Guitart-Masip. Agora sabemos que o cérebro provoca uma reação "Vá" na expectativa de uma recompensa. Peter, porém, precisa se envolver em uma reação "Não Vá" para obter uma recompensa. Exatamente como Edvard, que para receber 1 dólar precisa não pressionar uma tecla do computador quando vir a tela de Kandinsky, Peter precisa evitar a ação a fim de receber o marshmallow. Não é fácil, em particular para uma criança de 4 anos, uma vez que o cérebro infantil não desenvolveu plenamente circuitos para se desviar desses instintos. Além disso, o cérebro considera que um marshmallow agora tem maior valor do que um marshmallow no futuro. A parte do cérebro que sinaliza a recompensa – o núcleo *accumbens* – produz um sinal maior quando consideramos recompensas que podem ser obtidas imediatamente em relação àquelas que serão obtidas em algum momento adiante.[14] O "agora" costuma valer mais do que o "depois". O estudo de Mischel mostra que, embora as crianças achem a tarefa penosa, muitas conseguem dominar seu instinto e esperar pelos dois marshmallows.

Desconfio fortemente de que milhões de pais colocaram seus filhos diante de uma guloseima deliciosa e prometeram outra maior e melhor se eles conseguissem adiar a tentação por 15 minutos. Acredito que seja verdade graças ao que Mischel descobriu depois. Uma década mais tarde, ele entrou em contato com os pais das crianças; àquela altura, elas eram adolescentes. Ele fez uma série de perguntas aos pais, inclusive como os filhos estavam se saindo nos aspectos acadêmico, social e mental. As crianças que uma década antes haviam sido capazes de adiar a recompensa – aquelas que esperaram pelo segundo marshmallow – saíram-se melhor em quase todos os domínios quando adolescentes. A conclusão de Mischel foi de que as crianças que esperaram pelo segundo marshmallow tinham uma capacidade mais forte de autocontrole, e isso lhes permitiu se distinguirem em muitos campos.[15] Essa, contudo, não é a única explicação possível. Existe outra interpretação para que algumas crianças adiem a recompensa enquanto outras não o fazem: as expectativas das crianças com relação ao futuro.

O futuro é incerto

Lembra-se de Peter? O aluno do pré-escolar falador e amante de trens? Bom, Peter não esperou pelo segundo marshmallow. Logo depois da saída do pesquisador, pegou o naco rosa-claro e meteu na boca. "Autocontrole fraco", você pode dizer. Talvez. Aqui está outra ideia: talvez Peter não estivesse inteiramente convencido de que o pesquisador voltaria com um segundo marshmallow. Este não é um pressuposto ilógico. O pesquisador pode esquecer ou pode ter mentido. Uma hipótese ainda pior passa pela cabeça de Peter: talvez ele nem mesmo chegue a comer aquele único marshmallow que está diante dele se esperar demais. Mais uma vez, essa possibilidade não deve ser excluída. Talvez o pesquisador fique sem marshmallows e Peter precise dividir o dele com Allen, ou com outro aluno da pré-escola. Não tem sentido esperar impacientemente por 15 minutos, conclui ele. Na verdade, pode ser melhor comer aquele único marshmallow na mão em vez de esperar pelos dois marshmallows voando. Peter não tem necessariamente um autocontrole baixo; talvez ele apenas confie menos nos outros, talvez seja menos otimista. As duas hipóteses podem explicar por que Peter tomou a decisão que tomou e por que amadureceu de forma diferente. Revelou-se que a sociabilidade e o otimismo afetam de forma significativa o desenrolar de nossa vida, em que os indivíduos mais sociáveis e otimistas se saem melhor, em média.[16]

Essa interpretação adicional do estudo do marshmallow teve o apoio de uma experiência realizada na Universidade de Rochester. Os pesquisadores de Rochester tentaram mudar as crenças das crianças do quanto o pesquisador era confiável antes de lhes aplicar o teste do marshmallow.[17] Foi feito assim: convidaram crianças entre 3 e 5 anos para uma sala de artes e lhes deram um kit para criar a própria caneca. As crianças podiam usar o kit para enfeitar uma folha de papel em branco que seria depois inserida em uma caneca especial. Também receberam um jogo de lápis de cor velhos em uma caixa muito difícil de ser aberta e ouviram que, se esperassem alguns minutos, o pesquisador voltaria com lápis novos e melhores. Alguns minutos depois, o pesquisador voltava. A um grupo de crianças, ele pedia desculpas e dizia que tinha cometido um erro; não havia outros lápis de cor. Esse foi o grupo que experimentou um ambiente "pouco confiável". Ao outro grupo de crianças ele deu lápis de cor novos em folha. Este foi o grupo que experimentou o ambiente "confiável". Em seguida, o teste do marshmallow foi aplicado a todos.

A previsão era de que as crianças que não receberam os lápis de cor prometidos teriam agora, compreensivelmente, expectativas baixas em relação ao pesquisador e, assim, não se dariam ao trabalho de esperar por um segundo marshmallow. Foi exatamente o que aconteceu. As crianças que experimentaram o ambiente "pouco confiável" esperaram em média três minutos e dois segundos. As crianças que viveram o ambiente "confiável" esperaram, em média, doze minutos e dois segundos inteiros. Em outras palavras, quanto mais incerto é percebido o futuro, menos provável será que renunciemos à recompensa imediata em favor da alegria futura.

Prazer imediato acima da dor futura

Está tudo muito bem, mas que relação isso tem com nosso problema original de induzir a ação? Infelizmente, a dificuldade de tentar mudar o comportamento das pessoas alertando-as da proliferação de doenças, de perda de dinheiro, ganho de peso corporal, fracasso acadêmico ou aquecimento global está no fato de que tudo isso são punições futuras *incertas*. Se a equipe da UTI não higienizar as mãos, corre o risco de adoecer não imediatamente, mas alguns dias depois. Se Sam e sua equipe não encontrarem meios de cortar o orçamento do cliente, podem perder milhões não agora, mas um mês depois. Essas punições estão todas no futuro; algumas em um futuro muito distante. E o futuro, como todos nós sabemos, é incerto. Talvez a equipe da UTI vá desconsiderar a lavagem das mãos, mas tudo termine bem. Talvez a equipe de Sam não faça nada e o cliente decida continuar com eles mesmo assim. O problema está no "talvez". É difícil fazer as pessoas trabalharem por algo que pode acontecer ou não. É muito fácil ignorar punições futuras e nos convencermos de que ficaremos bem mesmo que continuemos com nossos hábitos nocivos. É por isso que às vezes uma ameaça de danos severos no futuro pode ser menos eficaz do que uma recompensa menor, mas imediata e certa. Mesmo que a ameaça seja certa e imediata (como um intervalo definido ou *feedback* negativo), ainda pode ser menos eficaz do que prometer uma recompensa imediata confiável, devido ao circuito "Vá", que relaciona o prazer com a ação.

Considere a maior empresa de seguro-saúde da África do Sul, a Discovery. Em vez de alertar sobre doenças futuras, a Discovery lançou um programa de recompensas que conferia pontos imediatos aos clientes sempre que compravam frutas e vegetais no supermercado, iam à academia ou compareciam a exames médicos de rotina. Os clientes depois podiam usar os pontos de recompensa para um leque de compras. O programa foi muito eficaz. As pessoas se envolveram em comportamento mais saudável e, por conseguinte, o número de visitas ao hospital diminuiu. Foi uma situação em que todos saíram ganhando.

Mas aqui está um enigma: se ameaças e alertas têm impacto limitado, por que frequentemente usamos punições para tentar mudar o comportamento alheio? Mesmo com tudo o que sei agora, em geral me vejo dizendo a meus alunos que se eles não se esforçarem mais, não conseguirão um bom emprego, ou avisando minha filha de que se ela não vestir um agasalho, vai ficar resfriada. O que eu deveria fazer é dizer a meus alunos que se eles se esforçarem mais, produzirão artigos melhores e um dia conseguirão um emprego incrível, e a minha filha que se ela vestir o casaco, se sentirá confortável e aquecida, continuará com saúde e, portanto, poderá ir à festa de aniversário da amiga.

Sem dúvida, é difícil se envolver em tal reestruturação. É por isso que nosso cérebro automaticamente liga a tecla de avançar. Quando noto um aluno que não se esforça tanto quanto deveria, meu cérebro dispara ao futuro e o vê sem conseguir alcançar as metas desejadas. Quando vejo minha filha sair só de camiseta no inverno, meu cérebro a imagina com o nariz escorrendo e uma tosse irritante. (É interessante observar que é mais fácil para nós enxergar os resultados negativos possíveis para os outros do que para nós mesmos, mas isso é assunto para outra discussão.) Por isso nossa reação imediata é alertar; nosso cérebro imaginou a devastação e partilhamos nossa previsão sombria. Essa, porém, pode ser a abordagem errada. Devemos vencer conscientemente esse instinto e, em vez disso, destacar o que precisa ser feito para que as coisas melhorem; por exemplo, dizer, "vista um casaco e você continuará saudável" e "estude mais e você conseguirá um emprego". Existe um benefício a mais nessa abordagem: enquanto alertas e ameaças (como "Funcionários: lavem as mãos!") limitam o senso de controle das pessoas, destacar o que elas precisam fazer para obter recompensas aumenta este senso. No próximo capítulo, vamos explorar o papel surpreendente do controle para a mente influente.

CAPÍTULO 4

COMO OBTER PODER PELO ABANDONO (INSTRUMENTALIDADE)

A alegria da instrumentalidade e o medo de perder o controle

Imagine um mundo onde o medo é racional. Nesse mundo, as pessoas gritariam a plenos pulmões à simples visão de um cigarro; fobia de creme de leite e um medo profundo de carne vermelha seriam lugares-comuns; o pânico correria por nossa espinha assim que entrássemos em um veículo em movimento. Esses medos podiam ser justificados: tabagismo, dieta e direção estão estreitamente relacionados com as cinco principais causas de morte – doença cardíaca, câncer, doenças crônicas do trato respiratório inferior, acidentes e derrames.[1] Entretanto, na lista de fobias predominantes, que darei a seguir, você não encontrará nenhum desses temores.[2]

A maioria das pessoas não fica alarmada com coisas que um dia poderão matá-las. Em vez disso, a fobia mais comum é a aracnofobia – o medo de aranhas. É assim, apesar do fato de que "você tem uma probabilidade maior de ser atacado por um tubarão, sobreviver, e depois morrer pela queda de um coco",* do que morrer de picada de aranha. Aproximadamente seis pessoas por ano morrem de veneno de aranha nos Estados Unidos, um país de 319 milhões de habitantes.[3] Temos medo de coisas com pouca probabilidade de nos machucar – aranhas, cobras e altura. Algumas pessoas têm crises de pânico em espaços abertos, quando encontram cães ou com relâmpagos. Outras temem elevadores e aviões. Na

---

* Bom, isto é, pelo menos como um membro de um grupo de discussão on-line colocou de forma cômica em um fórum relacionado com o assunto (Scrap-Lord, http://forum.deviantart.com/devart/general/2226526).

verdade, a única fobia justificável na lista das três maiores é o medo de germes – a misofobia –, ocupando o número 8. Duas posições abaixo da misofobia, você encontrará uma fobia particularmente intrigante: o medo de buracos. O número de pessoas que sofrem da fobia de buracos aparentemente bate o número daqueles que sofrem da fobia de câncer, que é o número 11 na lista, enquanto o medo da própria morte ocupa o número 12.

As dez principais causas de morte

1. Doença cardíaca
2. Câncer
3. Doenças crônicas do trato respiratório inferior
4. Acidentes (ferimentos não intencionais)
5. Derrames (doença cerebrovascular)
6. Doença de Alzheimer
7. Diabetes
8. Gripe e pneumonia
9. Nefrite e síndrome nefrótica
10. Dano intencional a si próprio (suicídio)

As doze fobias mais comuns

1. Aracnofobia: o medo de aranhas
2. Ofidiofobia: o medo de cobras
3. Acrofobia: o medo de altura
4. Agorafobia: o medo de espaços abertos ou lotados
5. Cinofobia: o medo de cachorro
6. Astrofobia: o medo de trovões ou raios
7. Claustrofobia: o medo de espaços pequenos como elevadores, salas apertadas e outros espaços fechados
8. Misofobia: o medo de germes
9. Aerofobia: o medo de voar
10. Tripofobia: o medo de buracos

11. Carcinofobia: o medo de câncer
12. Tanatofobia: o medo da morte

Medos e fatos

Podemos rir do ridículo de nossos medos, mas para as pessoas que sofrem deles, essas fobias podem ser devastadoras. Por exemplo, pessoas com agorafobia têm medo de sair de casa, o que tem forte impacto na qualidade de vida de qualquer um. Indivíduos com claustrofobia podem se recusar a fazer uma ressonância magnética, mesmo que o procedimento seja fundamental para diagnosticar um problema de saúde, porque eles ficam desconfortáveis no espaço apertado do aparelho. E a aerofobia, o medo de voar, pode ser um estorvo na carreira e nos relacionamentos de uma pessoa.

Vejamos, por exemplo, o cineasta Joseph McGinty Nichol, conhecido como "McG". McG dirigiu *As panteras*, e graças ao sucesso dele foi contratado pela Warner Brothers para dirigir um novo filme do Super-Homem, que seria rodado na Austrália. Mil funcionários estavam no local, esperando pela chegada de McG. Luzes e câmeras estavam preparadas e era hora da ação. McG havia passado um ano trabalhando no filme antes de rodar. Cerca de 20 milhões de dólares já haviam sido investidos no projeto. Entretanto, no dia em que deveria pegar um jato particular da Califórnia para Sydney, McG se viu petrificado de medo. Não conseguiu entrar no avião.[4]

Sua equipe tentou de tudo para convencê-lo a embarcar no jato. Deram estatísticas tranquilizadoras: era mais provável que ele morresse no caminho de casa para o aeroporto em seu carro do que no longo voo para Sydney. Na verdade, apenas cerca de mil pessoas morrem em aviões todo ano (as probabilidades são de aproximadamente uma em 11 milhões de morrer em um acidente de avião), se comparadas com 1,4 milhão em acidentes de trânsito terrestre (ou uma probabilidade de um em 5 mil de morrer em um acidente de carro).[5] McG estava ciente desses números, mas de nada adiantavam para acalmar seus nervos. Ele se sentia seguro em seu carro, não em um avião. O medo é uma emoção e suas emoções não eram facilmente domadas pelos fatos.

A maioria das pessoas supõe que a aerofobia é o medo do acidente aéreo. Esse medo é aumentado pela extensa cobertura da mídia dedicada a cada avião que cai. A nitidez da tragédia em nossas telas de TV nos faz acreditar que os aviões são mais perigosos do que na realidade. Isso, porém, não conta toda a história. Se contasse, talvez as companhias aéreas simplesmente pudessem equipar as pessoas com dados que alterassem suas percepções. Mas sabemos que dizer às pessoas vezes sem conta que os aviões são mais seguros do que os carros pouco faz para atenuar sua ansiedade.

Se não é um erro de cálculo do risco, por que tantos têm medo de um 747? Alguns se voltam para a evolução em busca de respostas – a espécie humana, ao contrário das aves, não tem asas e nunca foi feita para voar. Se seus ancestrais um dia se viram em pleno ar, em geral significava que estavam prestes a encontrar o Criador. E assim, a história nos diz, herdamos o medo de voar de nossos ancestrais terrestres. Essa teoria é intuitivamente atraente. Nosso medo moderno de aranhas, cobras, altura, espaços abertos e de voar podem ser resquícios de uma época em que essas coisas eram verdadeiramente perigosas. Em espaços abertos, por exemplo, você não tem onde se esconder de um predador. Assim, aqueles indivíduos que temeram os espaços abertos, e, portanto, os evitaram, talvez tivessem uma probabilidade maior de sobreviver. Explicações como esta, porém, não apreendem toda a complexidade dos medos humanos, porque, em geral, o que parecemos temer não é o que realmente temos.

Retirada do controle

"Na realidade, era uma questão de controle: sempre que eu saía de minha zona de conforto, sentia que ia morrer", disse McG quando tentou explicar sua recusa a embarcar naquele temido voo para a Austrália.[6] Quando você entra em um avião, transfere seu destino, pelo menos pelas horas seguintes, ao piloto e à tripulação. Não pode controlar a rota nem a velocidade do avião. Não pode sair da aeronave como bem quiser, se ficar cansado do choro das crianças ou das cotoveladas de seu vizinho de poltrona. Na verdade, suas únicas alternativas são barras de cereais ou amendoins. Além disso, você tem informações muito limitadas. Não sabe se os solavancos que experimenta são da turbulência de rotina ou de algo que seja motivo de preocupação. Não sabe se o piloto está cansado ou atento ou se você vai chegar no horário. A perda de controle é uma sensação perturbadora.

A maioria das pessoas fica estressada e ansiosa quando sua capacidade de controlar o ambiente é eliminada. Por isso muitas pessoas preferem se sentar no banco do motorista em vez de no banco do carona, e é também por isso que ficamos ansiosos quando estamos presos no trânsito, incapazes de sair do lugar. É por causa do controle limitado que existem pessoas com aversão a se hospedar na casa de alguém. É por causa dele que a limitação física é psicologicamente perturbadora para seres humanos e animais. Até os bebês anseiam por exercer sua pequena capacidade de controle sobre o ambiente; quando aprendem a segurar a mamadeira, expressam aflição se esse privilégio é retirado. Quando esses bebês começam a andar, exigem fazer tudo sozinhos, de apertar o botão do elevador a calçar os sapatos. As tentativas de interferir em sua capacidade de exercer controle podem levar a ataques de birra. Embora os adultos raras vezes se joguem no chão e batam mãos e pés quando sua liberdade é retirada, eles se sentirão perturbados diante de uma limitação da autonomia.

É claro que o medo de perder o controle não pode explicar todas as nossas fobias e ansiedades profundas. Todavia, mantendo-se todos os outros fatores, temermos o incontrolável mais do que o controlável. Animais não domesticados, raios, espaços pequenos que limitam nossos movimentos – tudo isso provoca mais ansiedade do que situações que *percebemos* estar sob nosso controle, como pedalar uma bicicleta, portar uma arma de fogo ou a automedicação, embora estas últimas atividades, na verdade, sejam mais perigosas. A tentativa de recuperar o controle também pode contribuir com problemas psicológicos, inclusive os distúrbios alimentares (em que as pessoas controlam estritamente o que entra em seu corpo), os vícios (que podem ser uma tentativa de regular nosso estado íntimo ou o humor) e até o suicídio (a decisão de dar um fim à vida pode ser vista como uma tentativa de comandar o que normalmente está fora de nosso controle).

Capacitar para a influência

O controle tem uma estreita relação com a influência. Quando afeta as crenças ou atos de alguém, você, de certo modo, exerce controle sobre tal pessoa. Quando você é influenciado por outros, está dando a eles controle sobre você. Por isso, compreender a delicada relação das relações humanas com o controle é fundamental para entender a influência. Isso nos permitirá prever melhor quando as pessoas resistirão à influência e quando elas a acolherão.

O que se coloca é que, para influenciar alguém, precisamos superar nosso próprio instinto de exercer controle e considerar a necessidade de instrumentalidade do outro. Isto porque, quando as pessoas percebem que sua própria instrumentalidade foi eliminada, elas resistem. Entretanto, se elas percebem sua instrumentalidade sendo ampliada, abraçam a experiência e a consideram recompensadora.

Um exemplo maravilhoso desse princípio envolve... impostos. Pagar impostos deixa as pessoas infelizes – pura e simplesmente. Mesmo que você concorde de todo coração que o pagamento de impostos é a atitude certa, tenho certeza absoluta de que não sente prazer nenhum em entregar ao governo 30%, 20% ou 10% que seja de seus ganhos. Na verdade, algumas pessoas decidem evitar inteiramente a provação; o nível de evasão fiscal nos Estados Unidos chega a 458 bilhões de dólares anualmente.[7] Esse número nem mesmo inclui a quantia perdida para pessoas que exploram brechas. Assim, imagine que você é uma autoridade do governo e sua tarefa é reduzir tal cifra. Os instrumentos convencionais para influenciar as pessoas a pagar seus impostos já incluem multas crescentes, aumento nas taxas de auditoria e ainda destacar a importância dos impostos para o país. São úteis, mas o índice de descumprimento ainda é elevado. O que mais você pode fazer?

Será que você poderia, talvez, tornar o pagamento de impostos mais agradável? Esta parece uma ideia radical. Vamos considerar por que os impostos são tão dolorosos, antes de tudo. Sim, ao pagar impostos estamos perdendo uma grande fatia de nossa renda, mas este não é o único motivo para que as pessoas os considerem desagradáveis. Provavelmente você não sentiria tanta dor se doasse 30% de sua renda a uma instituição de caridade de sua preferência ou gastasse tudo em cestas básicas, não é verdade? O motivo pelo qual pagar impostos é mais desagradável do que outras despesas é que não temos alternativa. Em contraste com doações filantrópicas ou compras de mantimentos, em que você decide o que e quando pagar, os gastos com impostos estão fora de seu controle. Ninguém lhe perguntou se você estava disposto a pagá-los e você não sabe muito bem para onde vai o dinheiro.

Será que as pessoas ficariam mais inclinadas a pagar impostos se seu senso de instrumentalidade fosse recuperado? Para testar isto, três pesquisadores fizeram uma experiência.[8] Convidaram estudantes a um laboratório em Harvard e lhes pediram para classificar imagens do interior de várias casas. Em troca de seu tempo, eles ganhariam dez dólares, mas souberam que deveriam pagar um "imposto ao laboratório" de 3 dólares. A instrução era colocar 3 dólares em um envelope e entregá-lo ao pesquisador antes de ir embora. Os alunos não ficaram emocionados com este plano. Só metade deles o cumpriu; a outra metade ou deixou o envelope vazio, ou entregou uma quantia inferior à solicitada.

Outro grupo de participantes, porém, soube que podia aconselhar o chefe do laboratório sobre como alocar o dinheiro do imposto. Eles podiam sugerir, por exemplo, que seus impostos fossem gastos em bebidas e lanches para futuros participantes. Surpreendentemente, o simples ato de dar voz aos participantes aumentou a observância de cerca de 50% para quase 70%! É uma mudança drástica. Imagine o que um aumento desses na observância faria por seu país, se fosse traduzido para os impostos federais.

Para averiguar se as descobertas não se aplicavam apenas à elite de Harvard, os pesquisadores testaram uma amostra maior e mais diversificada de cidadãos pela internet. Desta vez alguns participantes tiveram a oportunidade de ler sobre a alocação atual dos impostos federais norte-americanos. Alguns também tiveram a oportunidade de expressar suas preferências sobre como queriam que eles fossem alocados – que porcentagem queriam dedicar a educação, segurança, saúde e assim por diante. Por fim, todos foram solicitados a imaginar que podiam usar uma brecha fiscal questionável para baixar a conta de impostos em 10% – será que eles a aproveitariam?

Daqueles que não tiveram a oportunidade de expressar sua preferência sobre como os impostos deveriam ser gastos, dois em cada três (cerca de 66%) disseram que sim, usariam a brecha questionável. Em comparação, para aqueles que tiveram voz, menos da metade (44%) decidiu usar a brecha. O estudo também revelou que não bastava dar às pessoas informações sobre como seu dinheiro seria gasto. O que fez a diferença foi dar às pessoas um senso de instrumentalidade.

A mensagem, talvez irônica, é que para influenciar os atos você precisa dar um senso de controle às pessoas. Elimine o senso de instrumentalidade e você terá raiva, frustração e resistência. Aumente o senso de influência das pessoas sobre seu mundo e você aumentará a motivação e a observância. Nas experiências que descrevi, as pessoas nem mesmo tinham controle real – só foram solicitadas a sugerir como gostariam que os impostos fossem alocados. Entretanto, foi o bastante para mudar seus atos. Basta dar uma opção às pessoas, mesmo que apenas hipotética, para aumentar seu senso de controle – e o controle motiva as pessoas.

Escolhendo escolher

Por que gostamos do controle? Bom, em geral, os resultados que você seleciona combinam melhor com suas preferências e necessidades do que aqueles que você foi forçado a aceitar. Assim, aprendemos que ambientes em que você pode exercer controle são mais recompensadores. Um jeito de expressar controle é fazer uma escolha.[9] Por exemplo, se *você* escolhe a que filme assistir, é mais provável (em média) que selecione um filme de que gostará do que se fizerem a escolha por você. Como em geral experimentamos resultados melhores depois da escolha, a associação entre escolha e recompensa tornou-se tão forte em nossa mente que a escolha em si passou a ser recompensadora – algo que procuramos e do qual desfrutamos. Em um estudo realizado na Universidade Rutgers, o neurocientista Mauricio Delgado e sua equipe descobriram que dizer às pessoas que elas estão prestes a ter a oportunidade de fazer uma escolha fazia com que se sentissem bem e ativava a parte do sistema de recompensa do cérebro, o corpo estriado ventral.[10] Percebemos a escolha como uma recompensa em si, e assim, quando temos esse direito, escolhemos escolher.[11]

Não é só a espécie humana que gosta de escolher; os animais também preferem ter uma escolha. Na verdade, eles escolhem escolher mesmo que ter esse direito não altere o resultado. Se ratos precisam selecionar entre dois caminhos que levem à comida – um caminho é uma linha reta e o outro mais adiante exigirá que eles escolham se vão para a direita ou a esquerda –, eles escolhem este último.[12] Pombos fazem a mesma coisa.[13] Dê duas opções a um pombo; a primeira é um botão para bicar, resultando em um grão sendo liberado, a segunda são *dois* botões dos quais ele precisa bicar um a fim de receber o mesmo grão, e a ave escolherá a opção com dois botões. Pombos aprendem rapidamente que as sementes não são diferentes; entretanto, preferem aquelas obtidas ao fazerem uma escolha.

Como nos pombos e nos ratos, o desejo humano por instrumentalidade, controle e escolha transborda para situações em que fazer uma escolha não melhora necessariamente o resultado final. Pense, por exemplo, na experiência de Delgado. A escolha que ele deu aos voluntários não era entre sorvete de banana com nozes ou menta com pistache, em que uma pessoa pode ter uma forte preferência, mas entre duas formas em uma tela de computador, como uma elipse roxa ou uma estrela cor-de-rosa. Cada forma tinha uma probabilidade de 50% de garantir dinheiro ao participante. Como não havia meio de saber que forma era a melhor, não importava em nada que os participantes fizessem a escolha ou que um programa de computador decidisse por eles. Ainda assim, os resultados de Delgado mostraram que mesmo quando fazer uma escolha não parecia ter vantagem nenhuma, em geral, preferimos assumir o controle e decidir por nós mesmos. Essa preferência está profundamente arraigada em nossa biologia.

Se você pensar bem, um sistema que o "recompensa" intimamente por coisas que você obtete, em vez de outro que simplesmente dá a você, faz sentido do ponto de vista adaptativo. Se você aprende que um ato resulta em comida, dinheiro ou prestígio, pode escolher repetir tal ato no futuro para obter mais do mesmo. Porém, se alguém simplesmente lhe dá comida, dinheiro ou prestígio sem que você tenha feito nada por isso, você não pode supor que ele terá a gentileza de lhe oferecer esses bens no futuro. Assim, quando você tem mil dólares sem fazer nada por isso, fica com mil dólares, mas sem nenhum conhecimento de como adquirir mais dinheiro no futuro. Contudo, se você ganha mil dólares, por exemplo, ao vender um móvel, não só fica mil dólares mais rico, como agora tem um projeto de como ganhar mais dinheiro. As coisas pelas quais você se esforça *devem* ser codificadas por seu cérebro como preferidas; seu valor vem de sua utilidade intrínseca *e* das informações que contêm para futuros ganhos. É adaptativo para a espécie humana ser biologicamente impelida a preferir coisas que ela contribuiu para obter – coisas sobre as quais ela tem controle.

As pessoas gostam de escolher e, assim, escolhem escolher.[14] Porém, às vezes, a decisão é tão complexa e penosa que preferimos não tomar uma decisão. Por exemplo, se você der às pessoas opções demais, elas ficarão sobrecarregadas e não escolherão nada. Isso foi mostrado no famoso estudo da geleia, de Sheena Iyengar e Mark Lepper.[15] Iyengar e Lepper descobriram que é mais provável que as pessoas comprem geleia gourmet quando têm apenas seis opções do que quando têm mais de doze opções. É ótimo ter opções, mas dê opções demais e as pessoas ficarão estupefatas e sairão da loja de mãos abanando.

O que, então, você faz quando tem muitas opções e quer que as pessoas escolham? Uma solução pode ser criar uma árvore de opções. Vamos usar o problema da geleia como exemplo. Em vez de simplesmente exibir doze geleias, todas juntas, a loja pode dividir as geleias segundo o sabor: morango, damasco, amora, laranja, framboesa. Agora o comprador da geleia só precisa escolher um sabor entre cinco. Depois que escolhe o sabor – digamos, damasco –, ele pode então fazer uma segunda escolha entre quatro marcas diferentes. É assim que as pessoas chegam a uma decisão, mas o processo foi simplificado.

Um preço pela escolha

O problema surge quando nosso desejo por controle tem resultados piores. Vejamos o caso de Theo.* Theo é um bartender de meia-idade que trabalha em um restaurante no centro de Los Angeles. Toda noite, ao final do turno, Theo reúne as notas e moedas que ganhou de gorjeta e esconde debaixo do colchão, por segurança. Com o passar dos anos, uma quantia significativa se acumulou

---

* As informações de identificação de Theo foram alteradas.

embaixo de sua cama, de tal modo que o bater das moedas não o deixava dormir à noite. Theo tem consciência de que ao esconder o dinheiro em seu quarto, em vez de depositar em uma conta poupança ou de investimento, ele está perdendo juros sobre seus ganhos. Entretanto, da perspectiva de Theo, esta perda vale a paz de espírito que ele experimenta sentindo ter completo controle de suas economias.

É por motivos parecidos que muita gente guarda mais dinheiro em contas de caixa do que seria o ideal. Quando de um levantamento feito por uma grande instituição financeira, duas de cada cinco pessoas responderam que ter o dinheiro em "espécie" (como em uma conta corrente) as deixava mais seguras. Uma porcentagem semelhante respondeu que preferia uma conta de caixa porque era avessa aos riscos e/ou queria manter suas opções em aberto. Investir pode deixar as pessoas ansiosas, mas a causa fundamental para isso não é só o risco. O fato de que o destino do investimento não está nas mãos dos indivíduos, mas nas das empresas e dos setores em que estão investindo, deixa as pessoas desconfortáveis. Quando investem, as pessoas preferem que seja "embaixo do colchão", por assim dizer – 84% dos participantes disseram preferir investir no próprio país, embora o levantamento fosse realizado em uma parte do mundo onde investir no próprio país não era necessariamente a decisão ideal.

É claro que a preferência nacional pode ser motivada por considerações patrióticas, ou pelo fato de que as pessoas podem ter mais informações sobre a economia do próprio país do que a de outros, mas a escolha também é motivada por um senso ilusório de que *a nossa economia* está mais sob nosso controle do que uma economia estrangeira. Quanto mais próximo o dinheiro, mais seguras as pessoas se sentem. Se quiser que alguém invista em sua empresa, pode ser sensato dar às pessoas um senso de que seu investimento continuará próximo – seja fisicamente (isto é, na localização física de sua empresa) ou mentalmente (talvez sua empresa pertença a um setor com o qual elas estejam mais familiarizadas).

As decisões financeiras têm uma carga emocional muito maior do que a maioria de nós percebe. Em geral, os motivos complexos para essas decisões estão ocultos. Pense novamente em Theo, o bartender que economizou suas gorjetas embaixo do colchão. Theo estava guardando o dinheiro perto de si, literalmente, não só porque a ideia de transferi-lo para as mãos de terceiros o desagradava, mas também porque ele tentava proteger seus ganhos... dele mesmo. Quando indagado sobre seus hábitos financeiros, Theo admitiu que guardava o dinheiro em moedas embaixo do velho colchão para refrear impulsos de gastos. Ele não carregava as moedas pesadas em sua carteira pequena, nem tinha um cartão de débito, e assim, se por acaso visse um novo par de sapatos ou óculos escuros de que gostasse, era incapaz de comprá-los no ato. Theo tinha de voltar em casa, contar as moedas e retornar à loja para fazer a compra. Esse sistema lhe dava muito tempo para refletir sobre a compra, protegendo-o do consumo por impulso. Em essência, o "Theo do presente" tentava controlar o "Theo do futuro". Quando se tratava de dinheiro, Theo confiava mais nele mesmo do que nos outros, mas também confiava mais em si mesmo hoje, em um ambiente relativamente controlado, do que amanhã, quando qualquer coisa poderia acontecer.

Atualmente, a maioria das pessoas não guarda cédulas e moedas embaixo do colchão, nem diamantes no sutiã – um costume aparentemente popular depois da Segunda Guerra Mundial. Entretanto, ainda é forte a necessidade de controlar pessoalmente nossas finanças. Um dos meios que as pessoas experimentam para manter o controle é com "*stock picking*", a estratégia de escolher ações com maior potencial de ganhos. Considere Manshu, que escreve o blog financeiro *OneMint*.[16] Manshu é um autoproclamado *stock picker*. Isso significa que em vez de contratar um consultor financeiro para investir por ele ou colocar seu dinheiro em um fundo de índice, ele faz a própria pesquisa e escolhe as empresas cujas ações quer comprar.

"Gosto de escolher minhas ações", explica, "porque prefiro ser capaz de gerenciar minhas próprias ações e saber exatamente onde meu dinheiro está investido. Não fico à vontade com a compra de fundos mútuos ou ETFs [*exchange-traded funds,* fundos de índice comercializados como ações], porque não tenho controle nenhum sobre o que o gerente dos fundos pode fazer e que empresas ele comprará em dado momento. É como estar um nível distante de meu investimento. (…) Eu me preocupo com o que fará o gerente dos fundos."[17]

Como Manshu escreve um blog sobre finanças, desconfio de que está familiarizado com a vasta pesquisa indicando que, em média, os investidores perdem quando escolhem as ações e as negociam com frequência. Na verdade, as pessoas que escolhem suas próprias ações são as de pior desempenho no mercado. Mas mesmo que você deixe um profissional fazer o trabalho, sua carteira provavelmente ficará abaixo dos fundos de índice e ETF.[18] Armado deste conhecimento, por que Manshu prefere o *stock picking*?

Você pode pensar que Manshu é excessivamente confiante. É verdade que o excesso de confiança é uma explicação comum para as pessoas preferirem fazer suas próprias escolhas. Elas podem conhecer os dados e números, mas acreditam que *elas* podem se sair melhor do que o indivíduo mediano. O excesso de confiança tem um papel importante.[19] Observe, porém, que Manshu não defende seus atos declarando acreditar que ganhará mais dinheiro escolhendo ele mesmo as ações. Em vez disso, justifica sua preferência em termos emocionais: escolher os próprios investimentos faz com que ele se sinta no controle, enquanto permitir que outra pessoa escolha por ele o deixa preocupado. Ele prefere o *stock picking* para reduzir a ansiedade e aumentar a sensação de controle, independentemente de a estratégia inflar ou não sua conta bancária. Manshu quer sentir que *ele*, e não outra pessoa, influencia suas finanças.

Se existe um custo psicológico para abrir mão do controle, será que as pessoas renunciam ao dinheiro conscientemente para mantê-lo? Minha colega Cass Sustein (que conhecemos anteriormente), meu aluno Sebastian Bobadilla-Suarez e eu fizemos uma experiência para descobrir.[20] Pedimos a voluntários que participassem de um "jogo da escolha de formas". Neste jogo, os participantes deveriam escolher entre duas formas em uma tela de computador, e uma delas lhes daria dinheiro. Em cada tentativa, apareciam duas formas novas. Deixamos os participantes praticarem o jogo por um tempo, para que tivessem um senso do quanto eram bons na escolha das melhores formas. Sem conhecimento dos participantes, armamos o jogo de modo que a probabilidade de escolherem a forma "vencedora" era de exatamente 50%; eles tinham sucesso em metade das tentativas e fracassavam na outra metade. Depois de algum treino, pedimos que estimassem como estavam se saindo. No geral, nossos participantes superestimaram um pouco sua capacidade, declarando acreditar que tinham um desempenho acima do acaso. Havia grandes diferenças individuais, porém: algumas pessoas tinham excesso de confiança e acreditavam poder escolher a forma correta com uma precisão de 80%; outras eram pouco confiantes, acreditando que só podiam fazê-lo com 20% de precisão.

Agora que cada um tinha um senso de o quanto pensava ser bom na "escolha da forma", demos a eles a oportunidade de empregar um especialista para ajudá-los a escolher as melhores formas. Cada especialista tinha uma probabilidade diferente de escolher a melhor forma e cobrava uma pequena taxa se tivesse sucesso. Por exemplo, alguns especialistas escolhiam a melhor forma em 90% das vezes e cobravam 10 pence, outros acertavam 75% das vezes e cobravam 5 pence e assim por diante. As taxas de sucesso e os honorários eram inteiramente visíveis para os participantes e, assim, essencialmente, com a ajuda de alguns cálculos, cada um podia determinar se valia a pena "contratar" o especialista. Eles tinham todas as informações de que precisavam para tomar as melhores decisões. Não tinham?

Troque as palavras "escolha de formas" por "*stock picking*" e você poderá ver como este jogo se assemelha (frouxamente) às decisões financeiras do mundo real. Escolha sozinho e, em média, você se sairá melhor do que o acaso. Escolha EFT ou fundos de índice e você pode se sair um pouco melhor do que o acaso, a um custo baixo. Embora nossos participantes, às vezes, decidissem contratar um "especialista em ações", eles o fizeram bem menos vezes do que deveriam. Projetamos o jogo para que os participantes, a fim de ganhar a maior quantia, delegassem a decisão a um especialista em metade das tentativas. Ainda assim, nossos participantes delegaram a decisão a especialistas em apenas um terço das vezes. Eles escolheram escolher, o que os levou a perder. Mesmo que você leve em consideração o excesso de confiança dos participantes, as pessoas decidiram escolher elas mesmas com mais frequência do que deveriam.

O interessante foi que os participantes tinham consciência do que faziam. Quando lhes perguntamos como estavam se saindo ao delegar – em outras palavras, se eles achavam que haviam contratado especialistas nas horas certas –, eles deram respostas surpreendentemente precisas. Aqueles que delegavam menos do que deveriam sabiam disso; os que delegavam no nível ideal também sabiam. Parecia que as pessoas sabiam que perdiam dinheiro ao reter o controle, mas ainda assim o faziam, por ganhos psicológicos. A análise de custo-benefício não era um cálculo monetário frio; em vez disso, levava em consideração o lucro emocional.

Em algumas situações, é claro que pesar os custos e os benefícios de escolher em contraposição a delegar pode nos orientar para o contrário. Por exemplo, embora escolher possa nos dar uma pequena explosão de prazer, somos capazes de perceber que em determinadas situações o benefício de ter um especialista escolhendo por nós ultrapassa o benefício emocional da instrumentalidade, porque o resultado pode ser muito melhor. Existem outros motivos para delegar; talvez você não tenha tempo suficiente para tomar a decisão, o esforço pode ser oneroso demais, ou você não queira assumir a responsabilidade pelo resultado. Por exemplo, você pode preferir que seu cônjuge tome uma decisão importante relacionada ao futuro de sua família, ou que o colega de trabalho tome uma decisão profissional para a equipe, de forma a evitar o arrependimento se o resultado ficar abaixo do ideal. Todavia, em todos esses casos, as pessoas ainda querem o poder de escolher delegar em vez de ter a decisão forçada a elas. É melhor, então, dar esta alternativa às pessoas. Por exemplo, costumo perguntar à minha filha de 3 anos: "Quer que eu escolha sua roupa ou quer escolher você mesma?" Às vezes, ela própria quer escolher; às vezes, ela prefere que eu decida. Exercer o poder da delegação mantém a instrumentalidade.

Controle, saúde e bem-estar

As pessoas que se sentem no controle de suas vidas são mais felizes e mais saudáveis.[21] Com isso em mente, podemos ver que os participantes de nosso estudo, assim como Manshu e Theo, talvez estivessem agindo "racionalmente" – preservando o controle, eles aumentavam o bem-estar. Por exemplo, com os demais fatores constantes, os pacientes de câncer com maior percepção de controle sobrevivem por mais tempo. Um risco mais baixo de doença cardiovascular também foi associado a uma percepção maior de controle.[22] Isso não surpreende; o senso de controle diminui o medo, a ansiedade e o estresse – sentimentos que têm um efeito deletério em nosso corpo.

Assim, será que podemos melhorar o senso de controle das pessoas a fim de aumentar seu bem-estar? Em um estudo clássico realizado nos anos 1970, Judith Rodin, de Yale, e Ellen Langer, de Harvard, procuraram a resposta.[23] Rodin e Langer estavam preocupadas com um grupo específico de pessoas que haviam experimentado uma grave redução no controle. Era um grupo interessante porque, se tivermos sorte, um dia faremos parte dele – os idosos. À medida que envelhecemos, sofremos um declínio constante de nossa capacidade de controlar a vida e nosso ambiente. Para alguns, este declínio começa com a aposentadoria e a perda de instrumentalidade que normalmente conquistamos com nossa vida profissional. Continua depois, com uma deterioração da saúde. A redução na instrumentalidade se acentua quando as pessoas se mudam para asilos. De súbito, as decisões que você tomava durante toda a sua vida adulta passam a ser tomadas por outro: seus compromissos diários, o que você come e quando, como você passa seu tempo de lazer. As tarefas que você mesmo poderia realizar – dirigir, fazer compras, cozinhar – são feitas por outro. É como estar em um avião pelo resto da vida. O piloto é cheio de boas intenções, mas não é você.

Foi onde entraram Rodin e Langer. A ideia era devolver os idosos ao assento do piloto. E se os moradores de um asilo tivessem mais escolhas, mais responsabilidade e senso maior de instrumentalidade? Será que ficariam mais saudáveis e mais felizes? Em outras palavras, será que Rodin e Langer conseguiriam influenciar de forma positiva a vida dos idosos, aumentando seu senso de controle? As duas pesquisadoras entraram em contato com um lar para idosos em Connecticut e pediram consentimento à direção para realizar uma experiência a fim de descobrir. Eles concordaram.

O lar tinha residentes em quatro andares, e Rodin e Langer escolheram aleatoriamente um andar para ser o da "instrumentalidade" e outro para ser o "sem instrumentalidade". Os moradores que viviam no andar da "instrumentalidade" foram reunidos e abordados pela equipe. Ouviram que se esperava deles assumir plena responsabilidade por eles mesmos; eles deveriam cuidar para ter tudo de que precisavam e planejar como passariam seu tempo. Além disso, cada morador recebeu um presente – um vaso de planta para o quarto, que era de sua única responsabilidade. Os moradores no andar "sem instrumentalidade" também foram reunidos. Porém, ao contrário do grupo de "instrumentalidade", souberam que a equipe cuidaria maravilhosamente deles. Não precisariam levantar um dedo que fosse. Cada morador nesse grupo também recebeu uma planta para seu quarto, mas foram informados de que a equipe a regaria. Não havia diferença na realidade dos moradores nos dois andares; uma pessoa que morasse no andar "sem instrumentalidade" podia, se quisesse, regar a planta a qualquer hora e tomar qualquer decisão sozinha, como seus amigos no andar de "instrumentalidade". Contudo, a percepção de sua própria instrumentalidade era diferente – e, por conseguinte, seus atos foram diferentes; era menos provável que eles assumissem o controle.

Três semanas depois, quando Rodin e Langer avaliaram os residentes do asilo, descobriram que aqueles indivíduos que foram estimulados a assumir mais controle de seu ambiente eram os mais felizes e participavam do maior número de atividades. Seu grau de alerta mental melhorou e 18 meses depois eles eram mais saudáveis do que os moradores do andar "sem instrumentalidade".

Para mim, o que impressiona nesse estudo e em outros semelhantes é a simplicidade da intervenção. Bastou dar às pessoas alguma responsabilidade e lembrá-las de que elas tinham uma escolha para seu bem-estar melhorar. É uma lição extremamente valiosa para nossa vida doméstica e profissional. Se você é pai ou mãe, pode dar mais responsabilidades a seus filhos. No trabalho, os empregados podem ter um envolvimento maior nos processos de tomada de decisão para aumentar a motivação e a satisfação. Se você estiver em um relacionamento, pode ser útil cuidar para que seu parceiro tenha voz em como levam a vida de casal. O interessante é que o *senso* de controle só precisa ser isto – uma *percepção*. É melhor *guiar* as pessoas para soluções definitivas, enquanto ao mesmo tempo mantém seu senso de instrumentalidade, do que dar ordens.

Pense na história do início do capítulo 3 – a intervenção no hospital da Costa Leste que pretendia fazer com que os integrantes da equipe lavassem as mãos. Um dos motivos para a intervenção ter tido tanto sucesso é que em vez de usar a abordagem comum – uma ordem: "Funcionários: lavem as mãos!" –, o hospital introduziu um quadro eletrônico que deu à equipe médica *feedback* positivo sempre que higienizava as mãos. Em vez de limitar o senso de instrumentalidade da equipe a partir da autoridade, a administração o aumentou, dando aos funcionários a sensação de que era de sua própria responsabilidade melhorar. Aumentar a percepção do controle foi um jeito eficaz em termos de custos para melhorar a vida pessoal e profissional das pessoas.

Você se lembra de estar no controle?

Alguns anos atrás, li um artigo escrito por Michael Norton, da Harvard Business School. Michael descrevia uma série de estudos que ele e colegas realizaram ilustrando um fenômeno que ele chamou de "efeito Ikea".[24] O efeito Ikea diz respeito à observação de que as pessoas valorizam mais as coisas que elas próprias criam do que objetos idênticos criados por terceiros. Por exemplo, se você mesmo montar uma estante Ikea, tende a pensar que ela é melhor do que uma estante idêntica montada por outra pessoa. Na verdade, você pode pensar que ela é melhor, mesmo que acabe com uma estante torta. Cachecóis de tricô, casas na árvore, lasanha à bolonhesa — se você mesmo fez, em geral dá mais valor.

Em minha opinião, este é um exemplo em que o *valor* do controle — nesse caso, na forma da manipulação de objetos a nossa volta — reluz nos objetos que criamos, fazendo com que pareçam melhores. Eu me perguntei, porém, se realmente precisamos criar um objeto a fim de valorizá-lo mais, ou se *acreditar* que criamos o objeto seria suficiente para que ele ficasse mais brilhante. Assim, entrei em contato com Michael Norton e, junto com meu aluno Raphael Koster e nosso colega Ray Dolan, realizamos um estudo para descobrir se é somente da percepção do controle que realmente precisamos para auferir os benefícios da instrumentalidade.[25]

Um incidente que eu tinha vivido pouco tempo antes me fez pensar que sim. Alguns anos atrás, meus pais se mudaram da casa de minha infância para uma casa mais perto do centro da cidade. No processo de arrumar os objetos que acumulamos com o passar das décadas, encontrei algumas pinturas que fiz quando adolescente. Eu gostava particularmente de uma paisagem pintada a óleo e a levei para pendurar em minha casa. A pintura, que agora estava na parede de meu quarto, me dava um grande prazer. Fiquei muito impressionada com a capacidade de meu self mais novo de criar tal coisa. O quadro me deixava feliz. E então, um dia, ao examinar a obra de arte com uma admiração pessoal desavergonhada, notei uma assinatura no canto da tela. Eu havia deixado passar, porque quase não era visível. Para minha surpresa, a assinatura que agora me encarava não era a minha. O nome de outra pessoa estava impresso em minha maravilhosa criação. Em segundos, minha percepção da pintura mudou. De súbito, as pinceladas pareciam grosseiras demais, as cores exageradas e o tema, cafona. Não preciso dizer que a tela saiu da parede logo depois. Foi rapidamente substituída por uma foto dos meus filhos. No mínimo, eu podia ter certeza de que eles eram uma criação minha.

Não quero insinuar, é claro, que não podemos apreciar as criações dos outros. Você não precisa escrever um romance, reger uma sinfonia ou preparar um jantar gourmet para gostar dessas coisas. Nem sempre valorizamos objetos feitos pelas nossas mãos mais do que os outros. Porém, refleti que, em condições normais, *acreditar* que você criou algo confere um brilho a mais ao objeto, independentemente de você de fato tê-lo feito.

Projetei uma experiência para testar essa hipótese. Envolvia desenhar um tênis Converse All Star. Primeiro, eu convidaria voluntários ao laboratório e lhes pediria para avaliar oitenta modelos em uma tela de computador. Cada um seria ligeiramente diferente na cor e no desenho. Em seguida, para cada voluntário, eu dividiria todos os calçados em dois grupos: metade seria atribuída ao grupo "criador" e metade ao grupo que "só assiste". Para os quarenta calçados do grupo "criador", o voluntário teria de entrar no site da Converse e usar a ferramenta especial que existe ali para recriar exatamente o mesmo calçado. O site tinha um aplicativo que permitia que qualquer um projetasse o próprio calçado. Observe, porém, que o projeto e as cores neste experimento eram predeterminados; um voluntário não criava seu projeto preferido – ele simplesmente *recriava* um projeto que já fora feito. Para os quarenta calçados de quem "só assiste", pedi que meus voluntários vissem um vídeo na tela do computador do calçado sendo criado. Eles ficaram sentados, passivamente, na frente do computador, assistindo, em vez de eles mesmos clicarem nos botões. Essa era a única diferença entre os calçados dos "criadores" e daqueles que "só assistiam". Quando os voluntários terminaram, duas horas depois, foram solicitados a avaliar todos os calçados novamente.

Semelhantemente à minha saga da pintura a óleo, os voluntários gostaram mais dos calçados que pensaram ter criado duas horas antes do que daqueles que lembravam de "só assistir". Não importava em nada que calçados eles realmente tinham criado. Só o que importava eram os calçados que eles *acreditavam* ter criado. Oitenta calçados diferentes é muita coisa para se lembrar e, assim, às vezes, um voluntário se recordava de ter criado um que havia "só assistido", ou se lembrava de "só assistir" a um que na realidade havia criado. Bastava a memória da criação, verdadeira ou falsa, para levar a pessoa a apreciar o calçado. Quando sua memória falhava, os benefícios da criação eram perdidos; se alguém criava um lindo tênis vermelho com listras azuis e cadarços verdes, mas depois pensava que tinha "apenas assistido" ao calçado ser criado, não o valorizava mais.

O que isso significa é que talvez não baste dar às pessoas responsabilidade e escolha – elas também precisam ser lembradas de que exerceram seu controle. Se Margaret, uma mulher de cabelos prateados que morava no "andar de instrumentalidade" do asilo de Connecticut, tivesse se esquecido de que precisava regar a planta, a equipe do asilo era aconselhada a lembrá-la, para que ela se beneficiasse do exercício de sua instrumentalidade. Em outras palavras, o que importa é a percepção, não a realidade objetiva. Para fazer com que as pessoas valorizem mais os objetos, precisamos deixá-las sentir que de algum modo elas tiveram participação em seu projeto.

* * *

Costumamos imaginar o cérebro como um órgão cuja função última é pensar, uma espécie de quartel-general biológico da imaginação, da reflexão e das ideias. Embora naturalmente ele execute essas funções, elas não fazem parte da agenda principal. O cérebro evoluiu para controlar nosso corpo de modo que nosso corpo possa manipular nosso ambiente.[26] "Governe seu ambiente" seria o slogan do cérebro, se ele tivesse um. Nossa biologia é configurada para que sejamos impelidos a ser agentes informais; somos recompensados intimamente com a satisfação quando estamos no controle e castigados intimamente com a ansiedade quando não estamos. Em geral, é um bom exemplo de engenharia; controlar nosso ambiente nos ajuda a prosperar e sobreviver. Entretanto, o preço que pagamos por nosso desejo intenso de controle é nossa dificuldade de abrir mão dele quando deveríamos.

Às vezes, o certo a se fazer é recostar e desfrutar do passeio. Aproveitar o fato de que o piloto tem total controle de nosso avião, e não nós. Se estivéssemos no controle, provavelmente morreríamos. É melhor deixar que seu médico, que tem anos de instrução na área e experiência prática, tome as decisões médicas por você. É sensato guardar seu dinheiro em um banco, e não debaixo do colchão, e evitar o *stock picking*. Mas não há nada mais apavorante do que abrir mão do controle para outro ser humano.

É por isso que muitos gerentes sentem a necessidade de microgerenciar suas equipes, mesmo que assim eles estejam prejudicando a produtividade e o moral. Para gerar impacto, em geral precisamos vencer nosso instinto de controlar e oferecer a capacidade de escolher.

É difícil abrir mão, mas a compreensão pode ajudar. Entender por que somos como somos e ter consciência de nosso impulso profundamente arraigado para tomar decisões são atos que podem nos ajudar a passar o bastão de vez em quando. Com a consciência vem a compreensão de que abrir mão do controle, mesmo que um pouco, mesmo que só a percepção dele, é um jeito simples mas imensamente eficaz de aumentar o bem-estar e a motivação das pessoas.²⁷ Ironicamente, se libertar do controle é uma poderosa ferramenta de influência. Por exemplo, um pai pode pedir ao filho seletivo com a comida para preparar sua própria salada, a fim de aumentar a probabilidade de que ele coma as verduras. Estudantes podem receber a oportunidade de montar seu próprio currículo para aumentar o interesse pelos estudos. Clientes podem ser estimulados a fazer escolhas melhores, para estimular sua satisfação. Funcionários podem ajudar a criar as regras da empresa, para promover sua própria motivação. Incentivar a criação é um ótimo jeito de ajudar os outros a se sentirem mais felizes, mais saudáveis e mais bem-sucedidos. Oferecer controle, ou mesmo a sensação de controle, sem dúvida é a melhor maneira de influenciar as pessoas a agir.

CAPÍTULO 5

O QUE AS PESSOAS REALMENTE QUEREM SABER? (CURIOSIDADE)

O valor da informação e o fardo do conhecimento

Da próxima vez que você estiver sentado em um avião prestes a decolar, olhe a sua volta durante a demonstração de segurança pré-voo. Quantas pessoas prestam atenção nas instruções que podem salvar vidas? Quantas estão rolando a tela do Facebook em busca das últimas e essenciais atualizações dos amigos? Poderíamos pensar que os passageiros seriam uma plateia cativa; eles estão literalmente presos em suas poltronas, sem ter para onde ir. Entretanto, uma rápida olhada confirmará que a maioria das pessoas prefere se entreter a prestar atenção na tripulação.

Você pode argumentar que já passamos por esse treino: fivela do cinto, máscara de oxigênio, colete salva-vidas, porta de saída – todo mundo sabe. Mas o fato é que aviões diferentes têm distintas características de segurança. Na verdade, mesmo que você tenha voado na mesma aeronave, deve ouvir atentamente. Isso porque ensaiar os procedimentos de segurança pouco antes da decolagem reativa a sequência necessária em seu cérebro, e torna mais provável que você execute as ações automaticamente, se preciso. Em uma situação de emergência, reações rápidas são fundamentais.

Os funcionários da companhia aérea estavam verdadeiramente preocupados que a maioria dos passageiros não soubesse por instinto identificar a saída mais próxima, ou se lembrar de onde estava o colete salva-vidas, ou como inflá-lo com segurança. Estavam diante de um problema complicado: precisavam garantir que informações essenciais fossem transmitidas para os passageiros, que simplesmente não tinham interesse em prestar atenção.

A dificuldade era que a mensagem que a tripulação precisava transmitir não parecia nova, nem útil. Além disso, as pessoas não queriam pensar em pousos de emergência, incêndios ou falta de oxigênio pouco antes da decolagem. Olhar a previsão do tempo ou mais uma foto de um bebê no Facebook proporciona informações mais agradáveis para sua mente. Durante anos, as companhias aéreas tentaram encontrar uma solução. Como fazer com que as pessoas prestassem atenção a essas informações importantes, mas desagradáveis? Como podiam cativar os passageiros e influenciar seus atos? E, então, veio a solução. Não havia necessidade de a mensagem evocar pavor. As pessoas querem alegria? Alegria elas terão!

Os vídeos de demonstração de segurança pré-voo agora incluem de tudo, de modelos dançando break em trajes de banho a desenhos animados fofos e comédia stand-up. Muitos destacam destinos de viagem encantadores. E as pessoas assistem a eles, porque satisfazem pelo menos um dos princípios que fazem as pessoas quererem prestar atenção: induzem emoções positivas.

Na verdade, os vídeos são tão populares que as pessoas até os veem em casa. Um dos vídeos de segurança pré-voo da Virgin America que inclui música e dança teve 5,8 milhões de visualizações no YouTube, 430 mil compartilhamentos no Facebook e 17 mil retweets em apenas 12 dias.[1]

Aqui, há uma lição essencial. Quer estejamos no trabalho ou em casa, nosso instinto é de que se temos algo importante a transmitir, o outro vai querer saber. Esse instinto está errado. Se as pessoas não prestam atenção nem mesmo a informações que podem salvar a vida delas, ninguém pode pressupor que darão ouvidos ao que você tem a dizer. Precisamos repensar o que realmente leva as pessoas a quererem ouvir e depois reformular nossa mensagem de acordo com isso, porque ser ouvido é, de longe, o ingrediente mais importante para a influência. O que, então, as pessoas querem saber?

Preencha o hiato

Em 2005, Kate, uma corretora de investimentos com uma grande empresa estabelecida em Manhattan, decidiu se inscrever em um MBA em administração. Sua principal opção era Harvard. Ela investiu tempo e esforço substanciais em sua aprovação, estudando dia e noite para o Exame de Admissão de Pós-Graduação em Administração (GMAT – Graduate Management Admission Test), empenhou-se para elaborar uma carta de intenção admirável e cuidou para que suas referências impressionassem.* Antes do prazo final, fez sua inscrição no site designado – www.ApplyYourself.com. Ficou indócil de expectativa pela carta com o resultado, que deveria chegar em 30 de março.

E, então, algumas semanas antes da grande data, ela recebeu um e-mail de um amigo. Parecia bem inocente, como qualquer outra mensagem em sua caixa de entrada. Entretanto, aquele bilhete teria um profundo efeito em sua vida. O assunto dizia: "Dê uma olhada nisso – a espera acabou!" A mensagem continha um link para a discussão em um fórum do Business Online, site visitado com frequência por estudantes de faculdade de administração.

Kate abriu o link, que a levou ao post de um usuário chamado "Brookbond". Ao que parecia, "Brookbond" havia descoberto que a Harvard Business School já tomara decisões antecipadas sobre muitos candidatos. As decisões estavam armazenadas no site ApplyYourself, que Harvard e outras universidades importantes usavam para otimizar o processo de admissão. Com habilidades técnicas mínimas, qualquer candidato podia ver a carta de decisão antes. "Brookbond" ainda dava instruções detalhadas sobre como proceder. Só era necessário que Kate logasse no site ApplyYourself com sua identificação e senha conhecidas, como havia feito muitas vezes. Depois que estivesse logada, ela deveria montar uma URL

---

* Crédito a Ethan Bromberg-Martin, que chamou minha atenção para esta história durante uma conversa. Kate é um protótipo fictício dos 119 estudantes envolvidos no acontecimento real, ocorrido em 2005.

especial, cujos detalhes foram fornecidos por "Brookbond". Em seguida, ela veria ou uma carta de rejeição, ou uma tela em branco. Esta última indicava aceitação na Harvard Business School.

Por instinto, Kate abriu um novo navegador e, com as mãos trêmulas, digitou o endereço do site. Com o coração aos saltos, logou e construiu a URL especial, seguindo atentamente as instruções de Brookbond. Respirou fundo e apertou a tecla "Enter". Pareceu durar uma eternidade, mas, uma fração de segundo depois, o navegador atualizou a página e... nada. Uma página em branco! Foi a mais linda e inspiradora página em branco que ela viu na vida. Kate ficou emocionada – ela ia para a HBS.

Só que não foi. Lá pela meia-noite daquele mesmo dia, membros importantes do departamento de admissão de Harvard receberiam um telefonema de um dos candidatos alertando para a falha no sistema. De imediato, uma equipe de especialistas foi designada para resolver o problema, e às nove horas da manhã seguinte o erro havia sido corrigido. Logo depois disso, a Harvard anunciou a rejeição dos 119 candidatos que tentaram dar uma espiada ilegal. No entender de Harvard, o ato feria a ética.[2]

Não sei quanto a você, mas posso me identificar com Kate. Claramente me lembro, anos atrás, de esperar ansiosa para saber se eu tinha conseguido uma vaga na pós-graduação. Fiquei indócil durante meses e mal consegui dormir nas últimas semanas antes do dia do resultado. Felizmente, não encontrei nenhum personagem "Brookbond" na época. Se tivesse encontrado, torço para que meu self mais jovem tivesse tomado uma decisão diferente da de Kate. Entretanto, de uma coisa tenho certeza: eu teria um desejo ardente de saber logo. Mas por que eu ia querer saber tão desesperadamente? O que impelia tal impulso?

Para mim, tomar conhecimento da decisão antecipadamente não teria nenhum benefício concreto. Eu não poderia alterá-la; não tinha nenhuma outra proposta que eu precisasse responder; era tarde demais para me candidatar a outras faculdades; eu podia continuar no emprego que tinha, se não entrasse no programa de doutorado, e assim não havia necessidade imediata de pensar em planos de carreira alternativos; eu já morava na mesma cidade das faculdades a que havia me candidatado. Em resumo, não haveria ganho tangível para a informação antecipada. Ainda assim, eu queria muito, mas muito mesmo saber. Se pudesse pagar legalmente por essa informação (aparentemente) inútil, eu pagaria.

O desejo de saber é humano. Entre na farmácia mais próxima e nas prateleiras você encontrará dispositivos populares que oferecem aos clientes uma olhada antecipada em seu futuro pela bagatela de dez dólares. Esses pequenos dispositivos permitem que algumas pessoas saibam o que o futuro lhes reserva dias antes de a realidade se desenrolar. Por uma pequena taxa extra, você até pode comprar produtos de última geração que lhe darão a mesma informação 24 horas antes que a marca padrão.[3]

Se por acaso você porta dois cromossomos X, talvez tenha adivinhado a que estou me referindo. Um teste de gravidez. Embora possamos defender a vantagem prática de saber se você ou sua parceira está grávida antes que fique evidente a todos, seria difícil justificar "racionalmente" gastar mais dinheiro pela oportunidade de receber o resultado do teste um dia antes.[4] Ainda assim, milhões de pessoas em todo o mundo fazem exatamente isso. Um motivo é reduzir a desagradável incerteza. Mesmo que não possam usar a informação em vantagem própria, as pessoas têm o desejo de preencher hiatos em seu conhecimento. Hiatos deixam as pessoas desconfortáveis, ao passo que seu preenchimento é satisfatório. É por isso que os testes de gravidez adiantados são tão populares, e por isso a curiosidade de Kate levou a melhor sobre ela.

Se você possui informações que podem preencher hiatos no conhecimento das pessoas, lembre-as disso. O e-mail recebido por Kate, por exemplo, com o assunto "Dê uma olhada nisso – a espera acabou!", fez exatamente isso. Concentrou a atenção de Kate no fato de que ela não sabia se iria para Harvard no outono seguinte. Ou pense em chamarizes on-line como "As dez celebridades que você nunca soube que eram jardineiras entusiasmadas" ou "Os três políticos que você nunca soube que fizeram plástica no nariz". Isso cria hiatos de conhecimento na mente das pessoas que antes não estavam ali. Nunca parei para pensar sobre que celebridades adoram plantas ou que políticos tinham o nariz torto, mas agora que fui lembrada deste hiato do conhecimento, tenho o impulso de preenchê-lo. Depois de sabermos que não sabemos, queremos saber. Como estamos prestes a descobrir, este impulso é antigo, do ponto de vista evolutivo.

Informação é como sexo e torta de ameixa?

Em uma experiência criativa, os neurocientistas Ethan Bromberg-Martin e Okihide Hikosaka mostraram que macacos também preferem o conhecimento.[5] Eles não estavam se candidatando à Harvard Business School, é claro; nem estavam curiosos para receber informações relacionadas com seu sistema reprodutor. O que ocupava a mente dos macacos era se eles iam receber 0,88 mililitro de água (uma recompensa grande) ou apenas 0,04 mililitro de água (uma recompensa pequena).

Foi assim que a experiência funcionou: em cada ensaio, um macaco recebia ou uma recompensa grande de água, ou uma recompensa pequena. Ao mover os olhos para um entre dois símbolos em uma tela (digamos, uma estrela azul ou um quadrado rosa) segundos antes de a água ser entregue, um macaco podia indicar se desejava a informação antecipadamente. Os macacos foram treinados durante semanas para que se tivesse certeza de que eles entendiam o significado de cada símbolo. Se o macaco escolhesse receber tal informação de antemão, aparecia um terceiro símbolo na tela (por exemplo, um círculo vermelho), indicando se o macaco estava prestes a receber muita água ou apenas um pouco. Por fim, a água era entregue diretamente na boca seca do macaco.

Quando todos os dados foram reunidos, Bromberg-Martin e Hikosaka ficaram admirados ao descobrir que não só os macacos queriam informações antecipadas, como também estavam dispostos a "pagar" por isso. Os macacos estavam dispostos a abrir mão de algumas gotas da preciosa água para saber antes da hora se iam receber uma grande recompensa ou só uma pequena. Repetidas vezes, os macacos moviam os olhos para indicar que queriam saber. Parece que, assim como Kate, eles também seguiram as instruções fornecidas por "Brookbond" e logaram no ApplyYourself.com para dar uma espiada. A preferência humana por informações, portanto, não é exclusiva. Em termos evolutivos, é um desejo ancestral. O que, biologicamente falando, motiva esse impulso?

Bromberg-Martin registrou a atividade de neurônios no cérebro dos macacos para encontrar possíveis respostas. Inseriu fios finos, chamados microeletrodos, pelo couro cabeludo do macaco, bem fundo em seu cérebro. As pontas foram colocadas junto aos neurônios que ele queria registrar. Quando os neurônios "disparam", geram um sinal, que flui como uma corrente, entrando e saindo da célula. O microeletrodo pode captar essas alterações na voltagem. O que Bromberg-Martin observou foi que o cérebro do macaco tratava a informação como se fosse uma recompensa em si. Esses neurônios, conhecidos como "dopaminérgicos", eram ativados em resposta a informações enquanto os macacos reagiam a água ou comida.

Os neurônios dopaminérgicos são células encefálicas que liberam o neurotransmissor dopamina. Esses neurônios enviam sinais do mesencéfalo, uma parte evolutivamente "antiga" do cérebro, a muitas outras regiões do encéfalo, inclusive o corpo estriado, uma parte do cérebro que processa as recompensas, bem como a áreas frontais, que são importantes para o planejamento. A dopamina é liberada quando esperamos uma recompensa e quando recebemos uma recompensa inesperada. Ora, por acaso essa dopamina também é liberada quando esperamos informações e quando recebemos informações inesperadamente. No cérebro, a "moeda de troca" para bens tangíveis, como sexo e torta de ameixa, é muito parecida com a "moeda" para o conhecimento puro. Na realidade, Bromberg--Martin ficou impressionado ao ver que os neurônios eram ativados a uma taxa semelhante à da expectativa de informação e da entrega de 0,17 mililitro de água. Em outras palavras, os neurônios ficavam igualmente excitados com o conhecimento antecipado e com as gotas de H_2O, necessárias para nossa existência.

Essas descobertas podem explicar em parte nossa obsessão pelo Google e pelo Twitter: somos impelidos a procurar informações pelos mesmos princípios neurais que nos levam a procurar água, nutrição e sexo. Entretanto, uma pergunta persiste: por quê? Por que o cérebro humano processa conhecimento da mesma forma que coisas necessárias à sobrevivência?

A resposta simples é que a informação, em muitos casos, é de fato necessária para a sobrevivência, porque o conhecimento antecipado pode nos ajudar a tomar decisões melhores. No meio selvagem, se o macaco sabe que está prestes a receber uma banana grande, pode decidir ficar por ali, mas se souber que a banana é pequena, pode decidir procurar em outro lugar. É verdade que, nas experiências de Bromberg-Martin, os macacos não podiam usar a informação de nenhum jeito útil – estavam presos em suas cadeiras e não havia para onde ir. Mas seu cérebro ainda reagia de acordo com a "regra geral" de que informação é melhor do que ignorância, e quase tão importante quanto H_2O.

O fator bem-estar

Havia outro motivo para que os macacos de Bromberg-Martin quisessem saber antecipadamente se receberiam um grande gole de água. Saber que a água estava prestes a chegar fazia com que os macacos se sentissem bem e, assim, eles buscavam a excitação. O que você sabe afeta não só o que você decide *fazer*, mas também como você *se sente*. É por isso que a informação é o básico de suas crenças e aquilo em que você acredita tem profundo efeito no quanto você é feliz.

Imagine Oscar e Albert. Albert está na prisão. Sua cela é pequena, úmida e fria. As paredes são nuas e ele fica acordado até tarde da noite em uma desconfortável cama de madeira. Você pode esperar que Albert seja infeliz, mas na realidade ele está radiante, eufórico. Albert sabe que no dia seguinte será libertado da prisão e estará livre para ir para casa. Sua família está preparando um lindo peru assado para o jantar, que desfrutarão em sua casa aconchegante e aquecida. Ele está louco por isso.

Oscar, por outro lado, está sentado à mesa de jantar com sua família, comendo um delicioso peru assado em sua casa aconchegante e quente. É de se esperar que Oscar esteja alegre, eufórico, mas na realidade ele tem o coração pesado. Está infeliz porque sabe que no dia seguinte será preso. Será colocado em uma cela pequena, fria e úmida com paredes nuas e uma cama de madeira desconfortável.

Se você estivesse observando Oscar e Albert de longe, sem saber o que se passa pela cabeça deles, pensaria que o aquecido, seco e saciado Oscar é mais feliz do que o frio, úmido e faminto Albert. A realidade de Albert não é aquela que qualquer um de nós desejaria, mas em sua mente acontece uma comemoração: balões estão flutuando, o sol brilha, flores brotam. Para Albert, o conhecimento é uma bênção, a salvação das trevas a sua volta. Enquanto a realidade momentânea de Oscar é muito melhor do que a de Albert, o que se passa em sua mente é muito pior. Saber que logo no dia seguinte ele será encarcerado afeta gravemente seu bem-estar. Se Oscar não soubesse o que espera por ele, estaria se sentindo bem, mas ele sabe, e esse conhecimento é arrasador.

É importante lembrar, então, que as pessoas são motivadas não só a ganhar recompensas e evitar a dor, mas também a *acreditar* que ganharão recompensas e evitarão a dor. Isso porque crenças podem deixar as pessoas tão felizes ou tristes quanto eventos reais. Armados da longa experiência de ficarmos ora arrasados, ora eufóricos graças ao conhecimento, aprendemos que a informação afeta nossos sentimentos e que podemos usá-la para regular as emoções. Por conseguinte, as pessoas tentam seletivamente preencher a mente com conhecimento que formará crenças agradáveis, e evitam informações que podem causar pensamentos desagradáveis. Esse é o único motivo para que os novos anúncios pré-voo tenham se saído muito melhor na conquista da mente das pessoas.

Em uma experiência, Filip Gesiarz e eu convidamos pessoas a apostar numa espécie de loteria. Sempre que participavam do jogo, elas ficavam diante de duas portas digitais – uma azul e outra vermelha. Atrás de cada porta havia um prêmio em dinheiro; alguns prêmios eram relativamente grandes, outros pequenos. A porta vermelha era melhor do que a azul – atrás da porta vermelha e reluzente havia sempre mais dinheiro. O programa de computador escolhia ao acaso uma das portas para o participante e ele recebia o que estivesse atrás dela. Antes de o computador fazer a escolha, permitimos que as pessoas dessem uma espiada atrás de uma porta. Será que eles gostariam de ver o que se escondia atrás da porta vermelha (prêmio grande) ou da azul (prêmio pequeno)? A decisão deles não teria efeito no resultado. Repetidas vezes, as pessoas preferiam abrir a porta vermelha em vez da azul. Elas queriam saber qual era a melhor hipótese, e não a pior.

Isso significa, então, que a informação não é criada de forma igual? Talvez nosso cérebro processe o valor da informação de forma diferente, dependendo da expectativa de que ela nos faça felizes ou tristes. Para responder a tal pergunta, Caroline Charpentier e eu nos unimos a Ethan Bromberg-Martin. Dessa vez, no lugar de registrar a atividade de neurônios em um cérebro de macaco, registramos a atividade no cérebro humano usando um scanner cerebral.

Imagine que você é um participante de nossa experiência. Você é apresentado a Caroline, a pesquisadora francesa, que explica que você ficará deitado em um longo scanner de varredura cerebral no formato de tubo enquanto participa de uma loteria. O jogo será dividido em duas partes. Metade do jogo só terá vitórias. Sempre que você apostar, ou ganhará 1 dólar, ou não ganhará nada. Muito bom, pensa você. A outra metade do jogo só terá derrotas. Sempre que você apostar, ou perderá 1 dólar ou não perderá nada. Não é ótimo, eu sei, mas você não tem alternativa; se quiser participar da experiência, deve fazer as apostas. Ah, e sempre que você jogar, Caroline lhe perguntará se você quer saber o resultado da rodada ou continuar ignorante. No fim da experiência, pagaremos a você o total que ganhou, não importa se você escolheu saber o resultado ou continuar ignorante dele. Pense nisso como se você estivesse sentado diante de um caça-níqueis: você fecha os olhos e puxa a alavanca; as bobinas giram sem parar e em certo momento param. Você abre os olhos? Quer saber?

Assim como Kate e os macacos de Bromberg-Martin, as pessoas queriam saber. Porém, queriam saber mais sobre as possíveis vitórias do que as possíveis perdas. Em outras palavras, era mais provável que as pessoas abrissem os olhos se estivessem jogando no caça-níqueis de ganhar-ou-nada do que naquele de perder--ou-nada. Além disso, quanto maior a probabilidade de ganhar no caça-níqueis, mais as pessoas queriam saber o resultado. Exibimos a probabilidade de ganhar a cada vez que as pessoas jogavam em nossa pequena loteria – quanto maior a probabilidade de a pessoa ganhar, mais elas queriam saber, e quanto maior a probabilidade de perder, menos elas queriam saber. Em outras palavras, as pessoas queriam abrir envelopes que prometem boas notícias e jogar fora aqueles que prometem as más notícias.

E o cérebro? Lembra aqueles neurônios que Bromberg-Martin descobriu se ativarem no cérebro dos macacos em resposta à informação antecipada sobre a água? Encontramos evidências sugerindo que os neurônios na mesma região do cérebro humano também aumentam a ativação na expectativa de informações sobre ganhos financeiros. Porém, na espera ansiosa sobre perdas, a ativação diminuía. Além disso, sempre que nossos participantes sabiam que a informação estava a caminho – fosse sobre perdas ou ganhos –, era ativada outra região do cérebro, o córtex frontal orbital. Parece que em nosso cérebro existem dois tipos de reações à informação: um tipo de neurônio valoriza o conhecimento *per se*, outro valoriza o conhecimento que pode fazer com que nos sintamos bem.

Nem toda informação é como sexo e torta de ameixa; o que as pessoas esperam descobrir atrás da porta tem importância. As pessoas preferem saber de informações que elas pensam que farão com que se sintam bem, e assim procuram boas notícias em detrimento das más. Transmitir uma mensagem com uma ótica positiva – como as companhias aéreas acabaram fazendo com seus vídeos musicais de informação de segurança – implica maior probabilidade de as pessoas ouvirem, portanto, maior probabilidade de serem influenciadas. Quando desconfiam de que alguma notícia ruim está chegando, as pessoas costumam *evitar* a mensagem – mesmo que essa ignorância possa prejudicá-las.

Enterrando a cabeça na areia

Imagine que você tem 50% de chances de herdar uma doença fatal. Os sintomas são devastadores; incluem alterações torturantes em sua personalidade, bem como declínios em suas habilidades cognitiva e física. Você começará a fazer movimentos bruscos indesejados, sua fala ficará incompreensível, seu sono será perturbado e provavelmente você desenvolverá depressão e ansiedade. A doença não é contagiosa, entretanto não existe cura e, em vinte anos, você vai morrer. Há um exame simples que você pode fazer a qualquer momento que lhe dirá se você porta o temido gene que causa a doença. Se portar, a probabilidade de desenvolver a doença será de 100%. Você precisa tomar a decisão de fazer o exame ou tocar a vida e torcer pelo melhor.

Para algumas pessoas, a questão não é hipotética. Existem indivíduos com um dos pais portador conhecido de uma mutação do gene *IT15*, que provoca a doença de Huntington. A doença de Huntington é um distúrbio genético neurodegenerativo. Os sintomas fatais costumam ficar evidentes na meia-idade, afetando a função motora e cognitiva, e levam a problemas graves de comportamento, mentais e físicos. Atualmente, os exames genéticos permitem que as pessoas se arrisquem a saber, a qualquer altura da vida, se são portadoras.[6]

A decisão de fazer o exame é difícil. Quando possíveis portadores são indagados se pretendem fazer o exame, entre 45% e 70% dizem sim. Entretanto, a maioria não cumpre sua intenção explicitamente declarada. Na verdade, um estudo revelou que, quando diante de formulários de centros de exames, apenas 10% a 20% das pessoas em risco de doença de Huntington decidem se registrar para o exame.[7]

Um comportamento semelhante foi observado nas pessoas em risco de contrair HIV: muitos evitam fazer o exame para detectar se possuem o vírus, mesmo quando é oferecido gratuitamente.[8] Um exemplo ainda mais impressionante vem de um estudo de 396 mulheres que cederam uma amostra de sangue e, mais tarde, souberam que essas amostras foram analisadas para identificar genes que predispõem uma mulher a câncer de mama.[9] Será que elas gostariam de receber os resultados? As mulheres tinham simplesmente de dizer sim, não era exigido nenhum esforço. Entretanto, 169 decidiram não saber. É impressionante! Ao contrário das pessoas em risco de desenvolver doença de Huntington, aquelas com risco de sofrer de câncer de mama podem tomar medidas de precaução para reduzir a probabilidade do desenvolvimento da doença. Entretanto, 42% dos indivíduos testados decidiram não receber a informação que poderia salvar sua vida.

Isso pode parecer surpreendente, mas pense da seguinte forma: embora o benefício de saber seja o de reduzir a sensação desagradável da incerteza, o custo do conhecimento é de não ter a opção de acreditar no que você gostaria. Se somos ignorantes dos resultados do exame, podemos continuar acreditando que somos saudáveis; podemos encher a mente com pensamentos positivos. Aceitar o exame coloca em risco esses pensamentos, porque depois que você recebe o resultado não tem como deixar de saber. Depois de tomar ciência de que você porta o gene de uma doença fatal, esse conhecimento ficará gravado em seu cérebro para sempre. Se o diagnóstico é indesejável, sua vida mudará de imediato. Assim, às vezes não saber talvez nos deixe mais felizes, mas também tem o potencial de levar a um desfecho pior.

Fazendo as contas

Metaforicamente, você pode enxergar a decisão de saber ou não como um exercício de aritmética. Imagine uma poderosa calculadora com uma grande tela dentro de sua cabeça. Quando você precisa decidir se continua no escuro ou descobre a verdade, ela se acende e computa o valor das diferentes opções. Primeiro sua calculadora mental considera os benefícios tangíveis de descobrir a verdade – será que saber mudará seus atos de modo a melhorar seu futuro? Aqui, a entrada de valores grandes tornará mais provável que você procure respostas concretas. Por exemplo, digamos que você esteja pensando em pesquisar uma antiga paixão no Google. Como você usaria essa informação? Talvez você pretenda entrar em contato com a pessoa para reatar uma amizade. Neste caso, o valor da informação vai aumentar. Porém, se o conhecimento não vai influenciar seus atos, o valor atribuído aqui será zero.

Em seguida, sua calculadora mental entrará com valores para indicar a influência do estado de incerteza em suas emoções. Em muitos casos, a incerteza é vivida de forma negativa e, assim, serão computados valores negativos. Quanto maior o sofrimento que você poderá viver por não saber, mais motivado ficará para resolver a incerteza e descobrir a verdade. Contudo, não saber pode ter também um efeito positivo, porque permite que você imagine a melhor hipótese. Durante os meses antes de Kate receber a decisão final da Harvard Business School, ela imaginou, animada, todas as ótimas experiências que teria na universidade, inclusive as pessoas que conheceria e as aulas que faria. Ela fantasiou sobre a vida tendo um MBA de Harvard, todas as portas que se abririam depois que tivesse seu diploma. Criar essas hipóteses mentalmente a fazia feliz, e Kate, como ainda não fora rejeitada, podia voltar a essas imagens mentais sempre que desejasse.

O último cálculo a ser feito tem relação com o valor emocional da informação em si. Ter consciência de algo que ignorávamos não só nos torna mais embasados, como também muda como nos sentimos. Isso é especialmente verdadeiro para as informações que fazem esclarecimentos sobre nós mesmos. Saber que tinha sido admitida em Harvard fez com que Kate se sentisse bem. Ouvir que foi rejeitada por ter visto o resultado antes da hora a deixou péssima. Descobrir que você carrega um gene fatal fará você se sentir mal. Ler o relatório elogioso de seu chefe sobre seu trabalho o deixa orgulhoso. Saber que o valor de sua casa está caindo o deixa ansioso. A informação muda a forma como você se sente.

Assim, *em condições normais*, procuramos informações que, em nossa percepção, mostrarão emoções positivas. Faremos um grande esforço para descobrir boas notícias e evitar as más.

Um dos exemplos mais marcantes dessa tendência é ilustrado em um estudo realizado por Niklas Karlsson, especialista em gestão de informações empresariais na Suécia; George Loewenstein, renomado economista comportamental da Carnegie Mellon; e Duane Seppi, professor de economia financeira na Carnegie Mellon.[10] Os três queriam saber o que leva as pessoas a verificar suas ações no mercado quando não têm nenhuma intenção de fazer uma transação. Adivinhe: o que as impele a dar uma espiada no valor das ações? Supondo-se que uma pessoa não tenha a intenção de comprar ou vender, quando você acha que será mais provável que elas entrem em suas contas?

Agora dê uma olhada na figura a seguir e deixe-me conduzir você pelos dados. A linha preta mostra o valor do S&P 500 num período de pouco mais de dois anos, de janeiro de 2006 a abril de 2008. O S&P 500 é um índice do mercado de ações; baseia-se nas quinhentas maiores empresas com ações negociadas no Nasdaq e/ou na Bolsa de Valores de Nova York. Como uma onda no mar, as linhas ganham ímpeto, com uma ascensão lenta e depois caem rapidamente, subindo de novo e caindo mais uma vez. A linha cinza representa o número de vezes que as pessoas entraram em suas contas só para ver o valor das ações – não para vender ou comprar, apenas para dar uma espiada.* O que fica evidente de imediato é que as duas linhas sobem e descem juntas, como dois amantes subindo e descendo um morro de mãos dadas. Quando o mercado está em alta, as pessoas logam o tempo todo. Quando está em baixa, evitam verificar seus investimentos. Por quê?

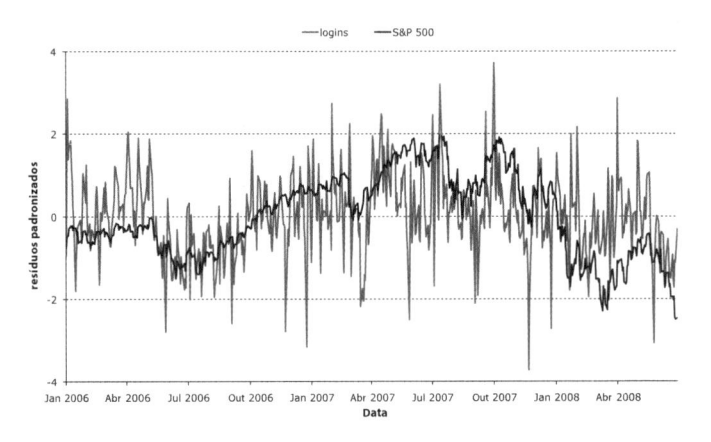

Figura 5.1 – *As pessoas desejam saber se seu próprio valor está relacionado com o desempenho do mercado. A linha preta representa o S&P 500, e a linha cinza representa o número de vezes em que as pessoas logaram em suas contas para verificar as ações. É mais provável que as pessoas deem uma espiada no valor de seus títulos quando o mercado está em alta do que quando está em baixa.*[11]

Depois de contabilizar estatisticamente diferentes fatores e explicações possíveis, a equipe chegou a uma conclusão. A decisão das pessoas de reunir informações sobre o valor de suas ações é regida pelo desejo de se sentir bem. Se o mercado está

---

* Se você está familiarizado com o S&P 500, irá notar que este gráfico mostra não os números brutos, mas valores que foram controlados para todos os fatores óbvios de confusão, inclusive a disposição de fazer uma transação e o volume de mercado.

em ascensão, as pessoas supõem que suas próprias ações terão o mesmo comportamento e, assim, logam para farejar uma boa notícia. Quando o mercado está em queda, elas preferem enterrar a cabeça no chão. As pessoas sabem que existe uma possibilidade de perderem dinheiro, e a confirmação fará com que se sintam mal. Se continuarem ignorantes, podem ter alguma esperança de que sua carteira esteja suportando a tempestade. Assim, se não houver nada de excepcional, as pessoas tendem a ignorar informações negativas, que podem deixá-las mal, e procurar notícias positivas, que podem fazer com que se sintam bem.

Contudo, isso é válido desde que a má notícia possa ser ignorada. O que o gráfico não mostra é o que aconteceu quando o mercado enfim entrou em crise, no outono de 2008. Durante o colapso financeiro, as pessoas logavam freneticamente em suas contas. Quando as coisas claramente vão mal, é praticamente impossível manter um fiapo de esperança e, assim, passamos a avaliar os danos o quanto antes para podermos nos recompor.

Esse princípio não se aplica apenas às finanças. Embora a maioria das pessoas em risco de sofrer de doença de Huntington evite o exame genético, a maioria das que decidem fazê-lo é de indivíduos que já vivem os sintomas. Essencialmente, elas estão simplesmente confirmando o que já é quase uma certeza. Embora a doença não possa ser curada, o conhecimento pode ajudá-las a tomar decisões relativas a como viver os anos que lhes restam. As pessoas que sabem ter uma expectativa de vida curta "aceleram" sua vida; elas podem se casar, podem engravidar, podem se aposentar precocemente.[12] Em outras palavras, elas escolhem evitar informações potencialmente indesejadas, a não ser que tenham quase certeza da notícia devastadora. A essa altura, o custo de tomar decisões erradas supera o benefício de não saber o quanto as coisas estão realmente ruins.

O custo de não saber

Podemos enterrar a cabeça no chão para nos proteger da verdade inconveniente, mas será que isso funciona? Nosso estado mental de fato melhorou por não sabermos? Ou quem sabe podemos nos sair melhor enfrentando a verdade?

Em 1972, dois psicólogos, James Averill e Miriam Rosenn, passaram a investigar esta questão em seu laboratório na Universidade da Califórnia em Berkeley.[13] Escolheram aleatoriamente estudantes homens na lista telefônica da universidade e ligaram com uma proposta; eles estariam dispostos a servir como participantes de um estudo que envolvia receber choques elétricos em troca de 2 dólares por hora? (O que hoje equivale a cerca de 11 dólares por hora.) James e Miriam convenceram oitenta estudantes a concordar com tal esquema.

No dia da experiência, os homens chegaram ao laboratório de Berkeley. Cada um foi solicitado a se sentar em uma cadeira de madeira enquanto o pesquisador passava vigorosamente em seu tornozelo direito uma pasta um tanto abrasiva para diminuir a resistência da pele. Depois, um eletrodo de alumínio era fixado a seu tornozelo. De vez em quando, o eletrodo gerava um choque com duração de um segundo.

Os homens receberam fones de ouvido que lhes permitiram escutar um entre dois canais, que eles podiam alternar como quisessem. Um canal tocava, por um gravador estéreo comum, música ambiente (lembre-se, isso foi em 1972). O outro canal era de "informação"; ficava mudo, exceto por um sinal nítido alguns segundos antes da descarga. Quando soava o alerta, o participante de imediato podia apertar um botão a fim de evitar inteiramente o choque.

A questão era que canal os homens escolheriam ouvir – o de música ou o de informação? Você pensaria que todos escolheriam sintonizar no canal de informação para evitar os choques, não é?

Não há dúvida de que um fator importante que leva as pessoas a procurar informações é a utilidade. Quando acreditam que podem usar a informação em benefício próprio, elas a preferem, e por isso é importante destacar a utilidade de qualquer mensagem.

Entretanto, no experimento de Averill e Rosenn, embora os voluntários pudessem usar a informação para evitar os choques, nem todos escolheram o canal de informação. Aproximadamente um em cada quatro homens (25%) decidiu evitar o canal de informação. Escolheram se distrair com a música, mesmo que isso significasse receber choques elétricos diretamente na pele.

Quem sabe não foi a melhor opção? Talvez a música tivesse um efeito relaxante. Averill e Rosenn monitoraram os sinais fisiológicos dos homens para descobrir. Mediram o batimento cardíaco, a condutividade cutânea e a taxa respiratória. Quanto mais ansioso você está, mais rápido seu coração vai bater, mais as palmas das mãos vão transpirar e mais pesada ficará sua respiração. Averill e Rosenn descobriram que os homens que decidiram ouvir o canal de música expressaram sinais *maiores* de ansiedade do que aqueles que ouviram o canal de informação. Aqueles que decidiram ficar vigilantes para os alertas estavam mais relaxados, porque sabiam que podiam evitar os danos e assim acabaram se sentindo melhor. Por outro lado, os que tentavam colocar a mente em uma nuvem musical não conseguiram escapar da ansiedade provocada pela expectativa da dor. O resultado final foi que saber quando um choque vinha e ser capaz de controlá-lo era melhor do que continuar ignorante.

E se os choques fossem inevitáveis? Escolher o canal de informação beneficiaria as pessoas, mesmo quando a informação fosse inútil? Averill e Rosenn fizeram novamente sua experiência, só que desta vez não deram aos homens de Berkeley um botão que lhes permitisse escapar dos choques. Nessas condições, a maioria dos homens escolheu o canal de música, mas 45% deles ainda preferia o canal de informação. Quem acabou mais ansioso? Mais uma vez, aqueles que preferiram se esconder em uma nuvem musical exibiram sinais fisiológicos maiores de ansiedade. Já os homens que escolheram o canal de informação estavam mais relaxados; seu batimento cardíaco era mais lento e eles transpiraram menos. Embora não pudessem evitar os choques, saber exatamente quando haveria uma descarga lhes permitia relaxar durante os intervalos entre elas. Aqueles que escolheram o canal de música, por sua vez, estavam em elevado e constante alerta; sentavam-se na beira da cadeira, prontos para o zunido doloroso do choque a qualquer momento.

O que tal experiência nos mostra é que mesmo que você acredite que ficará melhor na ignorância, enfiar a cabeça na areia pode acabar por deixá-lo *mais* ansioso. Que fique claro que não estou sugerindo que todos devemos procurar por más notícias – de forma alguma! Às vezes, a verdadeira ignorância pode ser mesmo uma bênção. Talvez não seja aconselhável perseguir um ex nas redes sociais para saber de sua vida sem você; e você também não precisa ter consciência de cada mutação genética que porta. Mas se suspeitar de que existe uma notícia desagradável atrás da porta número um, talvez seja melhor abri-la e revelar a verdade. Isso porque nós, humanos, somos muito mais resistentes do que pensamos. Ao abrir a porta, podemos dar início ao processo de aceitação, cura e reconstrução. Se a porta continuar fechada, ficamos empacados, demorando-nos em um estado constante de inquietação.

Seletividade

Somos criaturas curiosas, e o único tema por que temos especial curiosidade somos nós mesmas. Na verdade, temos uma necessidade ardente de saber o que os outros pensam de nós e de nosso trabalho, mas não queremos saber de tudo. Com frequência tomamos decisões para nos distanciar de opiniões negativas e procurar as positivas. Quantas vezes você ouviu escritores, atores e celebridades dizerem que evitam pesquisar por si mesmos no Google ou ler críticas sobre seu livro/show/filme? Acha que isso acontece porque as pessoas não querem saber que seu trabalho foi elogiado? É improvável.

Pense, por exemplo, em Paige Weaver, que escreveu vários livros de sucesso. Paige diz que "minha política é não ler as críticas. (...) Nos primeiros dias depois do lançamento de *Promise Me Darkness* [seu romance], li todas as críticas e elas eram boas, mas sabia que as ruins estavam chegando. (...) Tive muito medo".[14]

A romancista Kristin Cashore concorda.

"Não procuro a mim mesma nem meus livros no Google e não recebo alertas do Google, (...) não me envolvo. Aprendi que evitar isso é melhor para meu processo de escrita, minha sanidade e minha felicidade. Além do mais, recebo uma tonelada de *feedback* sem procurar por ele – meus amigos e editores estão por dentro e me mantêm informada do que as pessoas dizem – e, assim, em geral tenho um senso do que está acontecendo sem procurar por mim mesma. Em geral (mas nem sempre), leio críticas se meu editor ou o departamento de marketing manda para mim. Estas tendem a ser as críticas de publicações importantes, e é difícil ignorá-las."[15]

Paige e Kristin não são únicas na seletividade das opiniões de que ficarão cientes. Não é que sempre ignoremos as críticas; nossos métodos são mais sutis do que isso. Nossa decisão de procurar ou não opiniões depende de usarmos o conhecimento para nosso proveito e de como esperamos nos sentir em resposta a ele. Todavia, podemos fazer alguma filtragem. Pense no ex-vice-presidente republicano Dick Cheney, por exemplo. Antes de entrar em um quarto de hotel, ele pede que todos os aparelhos de TV estejam sintonizados na Fox News, uma corporação famosa por apoiar o Partido Republicano.[16]

* * *

As pessoas com risco de doenças que decidem não fazer exames e estudantes que decidem ouvir música em vez de alertas que podem ajudá-los a evitar choques elétricos demonstram o mesmo princípio. No geral, as pessoas tendem a procurar informações que lhes tragam esperanças e evitar aquelas que trazem destruição. Isso é assim porque a informação afeta aquilo em que as pessoas acreditam, e aquilo em que as pessoas acreditam afeta seu bem-estar. Se a informação que você tem a dar está ligada a uma mensagem deprimente, você deve pressupor que muitos vão preferir evitá-la. Você pode passar anos pensando nos melhores procedimentos de segurança, décadas desenvolvendo um teste para identificar um gene que coloca as pessoas em risco de câncer de mama e semanas analisando o relatório de um colega. Mas não importa o quanto seu trabalho é completo nem com que clareza você o apresenta, se ninguém quiser saber o que ele diz. Quem sabe você pode fazer algo a respeito disso?

Conseguir que as pessoas escutem significa mudar aquela grande calculadora metafórica de sua mente, aquela que computa o valor da informação e as motiva a prestar atenção quando mostra números positivos. Se você detém um conhecimento que pode preencher o hiato de informação dos outros, destaque o hiato; se pode ajudar as pessoas a melhorar seu mundo, esclareça, como. Por fim, reformule a mensagem para que a informação que você der suscite esperança, e não medo. Falando claramente, isso *não* significa dourar a pílula. Se você precisar, por exemplo, criticar o trabalho de alguém, não atenue a crítica – transmita o problema com clareza. Porém, ele pode ser comunicado ou em termos do que precisa ser corrigido a fim de produzir um relatório brilhante ou em termos de incompetência; use a primeira abordagem e você conquistará maior atenção. Talvez uma varredura genética para câncer de mama possa se tornar uma questão de ter uma vida longa e saudável, não de morte. E um vídeo de segurança no avião pode enfatizar a chegada a nosso fabuloso destino ensolarado.

Mas há uma ressalva importante a ser feita: precisamos considerar o estado emocional do interlocutor. Isso porque, como veremos no próximo capítulo, sob estresse e intimidação ocorre uma mudança drástica na forma como nosso cérebro processa a informação.

CAPÍTULO 6

O QUE ACONTECE COM A MENTE SOB AMEAÇA? (ESTADO)

A influência do estresse e a capacidade de superação

Na adolescência, meu programa de TV preferido era *Contratempos* (*Quantum Leap*). Meu irmão e eu voltávamos da escola à tarde bem a tempo de ver o físico Sam Beckett viajar pelo espaço e tempo na tentativa de corrigir a história. Seus experimentos quânticos permitiam que ele desse um salto de seu laboratório ultrassecreto no deserto, em algum lugar nos Estados Unidos na década de 1990, para os corpos de indivíduos que moravam em diferentes lugares e épocas.

Convido você a saltar comigo pelo espaço e tempo e nos ajudar a entender de que modo o estresse afeta a influência que as pessoas exercem umas sobre as outras. Nossa primeira parada será a cidade de Nova York, em 14 de setembro de 2001. O corpo que você habitará será o meu.

Eu estava andando pela Broadway, no centro de Manhattan, não muito longe de onde morava na época. De repente, um homem de meia-idade desatou a correr pela rua, aparentemente em pânico. Segundos depois outros o seguiram, e em minutos uma multidão corria atrás dele. Eu não sabia o que estava acontecendo. Entretanto, os eventos de apenas três dias antes – o 11 de Setembro – cobravam seu preço. "Melhor prevenir que remediar", imaginei, e me juntei aos demais. Éramos um grande grupo correndo pela calçada, arrebanhando espectadores confusos pelo caminho. Por fim, alguns perceberam que não havia motivo para fugir e pararam e, logo em seguida, todos fizeram o mesmo. E pronto. Cada um foi cuidar da própria vida.

Se você pensar bem, foi extraordinário: uma pessoa levou aproximadamente cinquenta nova-iorquinos a parar o que faziam e correr, em plena luz do dia e sem nenhum motivo aparente. Essa pessoa não disse uma palavra que fosse; simplesmente corria em pânico pela rua. Não sei o que se passava dentro da cabeça *dela*. Mas o motivo para ter conseguido influenciar todos nós estava no que já acontecia dentro da *nossa* cabeça. Se o incidente tivesse acontecido em 10 de setembro, na véspera dos ataques ao World Trade Center, desconfio de que o "corredor" teria passado despercebido. A maioria de nós poderia considerá-lo excêntrico e desprezá-lo. Entretanto, em seguida aos ataques terroristas, estávamos todos tensos. O que faltava acontecer? Seria outro ataque iminente? De onde viria? Nossa mente estava em "modo de espera" – pronta para reagir a qualquer um e a qualquer coisa.

Essa é a deixa para nosso próximo salto, no corpo de uma palestina de 7 anos no povoado de Arrabah, na Cisjordânia, na manhã de 21 de março de 1983. A menina estava sentada em sua sala de aula quando, de súbito, experimentou uma tosse irritante e a respiração curta. Na época ela não sabia, mas estava prestes a provocar um escândalo internacional.

Logo depois de a menina começar a apresentar esses sintomas, sete colegas de turma também adoeceram; em seguida, alunas de outras turmas manifestaram sinais parecidos. Uma semana mais tarde, o "problema" se espalhou para povoados próximos. No total, a epidemia afetou 943 meninas palestinas e alguns soldados israelenses.[1] O que provocava esta terrível epidemia? Os palestinos acusaram os israelenses de usar armas químicas contra eles, enquanto os israelenses acusavam os palestinos de usar veneno para incitar manifestações de massa. A investigação criteriosa, porém, não revelou crime nenhum. O diagnóstico foi de que os sintomas eram psicossomáticos. Estes casos às vezes são chamados de "histeria em massa" – os sintomas de um indivíduo (ou seu comportamento) desencadeiam o pânico entre os outros, que adotam, inconscientemente, os sintomas, ativando assim um efeito dominó.

Sem nenhuma intenção, uma menina influenciou a saúde de quase mil pessoas e, por fim, do mundo. O motivo para ela ter tido tanto impacto foi o ambiente específico em que operava – um que induzia um estado de espírito específico nos outros.

O que havia de comum entre as pessoas que fugiam de absolutamente nada na Manhattan pós-11 de Setembro e os estudantes na Cisjordânia que viveram a doença ilusória foi que eles se sentiam sob ameaça. A realidade dos estudantes na Cisjordânia consistia em mísseis, toques de recolher e soldados armados diariamente. Em Nova York, depois do 11 de Setembro, soldados e policiais eram vistos em todo lado nas ruas, criando a sensação de emergência. Se você examinar a história de casos documentados de histeria em massa, descobrirá que esse ambiente é típico; quase todos os casos se desenrolaram em ambientes exaustivos e estressantes, desde povoados empobrecidos na África até emergências de grandes hospitais americanos.

Por que as pessoas "pegam" doenças ilusórias e seguem os outros às cegas pela rua em determinados ambientes, mas não em outros? Por que determinado indivíduo – um estranho, um político – tem forte impacto quando estamos com medo, mas não quando estamos relaxados? Para responder a tais perguntas, primeiro precisamos entender o que acontece com nosso corpo e nossa mente sob ameaça.

A pressão que recai

Quando estamos sob ameaça, é desencadeada uma reação fisiológica pré-programada: o estresse. A evolução nos equipou com essa resposta para nos ajudar a sobreviver. Imagine que você é um antílope no meio da selva e percebe um leão correndo em sua direção. Em segundos, são secretados hormônios do estresse, como o cortisol, despertando uma reação em cadeia – seu coração bate acelerado e a respiração fica mais curta. Não existem recursos de sobra e, assim, funções que não são urgentes devem ser desativadas; seu sistema imunológico se aquieta temporariamente, assim como os sistemas digestivo e reprodutor. Esse não é o momento de lidar com a cura de um ferimento ou digerir o que você estava mastigando uma hora atrás; você deve concentrar todos os recursos em um só objetivo: sobreviver naquele momento.

A espécie humana raras vezes é colocada nesse perigo imediato vivido pelo antílope, mas frequentemente experimentamos o estresse. Seja em reação a uma hipoteca que não foi paga, o prazo de entrega de um trabalho, ou um forte concorrente numa competição, nossos corpos vão liberar cortisol. Mesmo uma situação relativamente leve, como ficar preso no trânsito durante a hora do rush ou em uma fila lenta no Starbucks, pode despertar uma reação de estresse completa. A reação física será semelhante àquela observada no antílope: aumentam a pulsação e a respiração e haverá queda na função de sistemas que não são imediatamente necessários. Se o estresse for crônico, terá um efeito prejudicial no corpo.[2] Nosso sistema imunológico se enfraquecerá e nos tornaremos mais suscetíveis a doenças; a digestão ficará lenta e, por conseguinte, é mais provável que acumulemos gordura, em particular na área da cintura; nosso sistema reprodutor será desativado e, como consequência de longo prazo, as mulheres podem ter dificuldades para engravidar.

Assim como o estresse altera significativamente a função de seu coração e dos sistemas digestivo, imunológico e reprodutor, ele também altera seu cérebro. Sempre que você sente o estresse chegar de mansinho, o funcionamento do cérebro se altera drasticamente. Em segundos, o estresse pode mudar a forma como você pensa, toma decisões e se comporta. E ele muda a maneira como você é influenciado por aqueles que o cercam.

Meus alunos Neil Garrett, Ana Maria González-Garzón e eu elaboramos uma experiência para examinar como exatamente o estresse muda a forma como as pessoas são influenciadas pelas informações. Nosso plano era simples: íamos expor as pessoas a uma ameaça, registrar suas reações fisiológicas e observar como seu pensamento se alterava. Nosso primeiro dilema, porém, foi como induzir melhor o senso de ameaça nos voluntários. Um leão faminto estava fora de cogitação e, assim, decidimos criar um tipo de situação estressante que nossos voluntários provavelmente encontrariam na própria vida.

Imagine que você é um participante de nosso estudo. Você chega a nosso laboratório para tomar parte de uma experiência em troca de um pequeno pagamento. Depois de assinar um formulário de consentimento, Neil, o pesquisador, pede a você uma amostra de saliva. O pedido parece estranho. "Por que estão me fazendo cuspir em um tubo de plástico?", talvez você pergunte. Bom, a partir de sua saliva, Neil medirá o nível do hormônio do estresse cortisol em seu sistema antes de começarmos a experiência. Isto se chama "medição basal". Neil também pede que você preencha um questionário curto para avaliar seu nível atual de ansiedade e registra seu nível de condutância cutânea basal, que lhe dá outro meio fisiológico de determinar o nível de estresse. A essa altura, você já deve estar relaxado.

Em seguida, Neil descreve a você o procedimento experimental.

"Primeiro", diz ele, "você concluirá uma tarefa simples no computador, que vai levar cerca de meia hora."

"Tudo bem", você diz.

"Quando tiver terminado", continua ele, "você receberá uma folha de papel com um tema. Você terá cinco minutos para apresentar o tema diante de um grupo de cerca de trinta pessoas. Não terá tempo para se preparar e sua apresentação será gravada, para que outros possam assistir pela internet."

Para averiguar se você de fato ficou estressado com tudo isso, Neil pede novamente que cuspa em um pequeno tubo para ele analisar sua saliva; também registra sua condutância cutânea basal e lhe pede para preencher um questionário medindo seu nível de ansiedade. Se você for como a maioria dos participantes de nosso estudo, essas medidas terão sofrido um aumento em relação a seus parâmetros, indicando que conseguimos estressar você.

Temos também outro grupo de participantes em nosso estudo – o grupo "controle". Os participantes deste grupo souberam que no final do estudo serão solicitados a escrever um pequeno artigo sobre um tema surpresa, mas foram tranquilizados de que não havia motivo para se preocupar, porque o artigo não será nem avaliado, nem lido por ninguém. Como esperado, os participantes deste grupo não exibem sinais de estresse.

Agora que tínhamos metade dos estudantes ansiosa e a outra metade calma, estávamos preparados para realizar nosso teste. Aos voluntários, apresentamos descrições de incidentes pavorosos que podiam ocorrer com eles no futuro, como roubo, acidente de carro, ou uma costela quebrada. Depois, lhes perguntamos que probabilidade eles atribuíam a esses acontecimentos com eles. (Por exemplo: com que probabilidade você será roubado?) Em seguida, demos informações relacionadas com a probabilidade desses acontecimentos em sua população. (Por exemplo, informamos que a probabilidade de ser roubado em Londres é de apenas 30%.) Por fim, perguntamos mais uma vez com que probabilidade eles pensavam que viveriam esses acontecimentos. (Qual é a probabilidade de você ser roubado?) Com esses dados, podíamos então calcular como as informações afetam as crenças das pessoas. Descobrimos que as pessoas tendem muito mais a absorver informações negativas – por exemplo, saber que a probabilidade de ser roubado é maior do que eles pensavam – quando estão sob ameaça do que em estado de relaxamento.[3] Quanto mais estressados estavam, maior sua tendência a mudar de opinião em resposta a más notícias inesperadas. (O estresse não afetou a capacidade de as boas notícias alterarem suas crenças.)

Sob ameaça, absorvemos automaticamente os sinais de perigo. Foi o que aconteceu comigo quando observei o homem correndo em Manhattan três dias depois do 11 de Setembro e com as estudantes ansiosas em Arrabah. O mesmo aconteceu com os voluntários em nosso estudo, quando receberam informações inquietantes pouco antes de ter de falar em público.

Não foram apenas os voluntários no laboratório que reagiram desse jeito a nossa experiência. Nós nos aventuramos a sair do laboratório em Londres e fomos a quartéis do corpo de bombeiros no estado do Colorado. O dia de trabalho de um bombeiro varia muito. Alguns dias são bem relaxados; os bombeiros passarão a maior parte desses dias no quartel. Outros podem ser caóticos, com vários incidentes potencialmente fatais a enfrentar. Para nós, os altos e baixos de calmaria e estresse representavam o ambiente perfeito para uma experiência. Imaginamos que nos dias sem nenhum chamado de emergência, os bombeiros estariam calmos e, por conseguinte, sintonizados com "boas notícias". Entretanto, nos dias em que viviam ameaças constantes, eles ficariam ansiosos e mais influenciados por "más notícias".

Foi exatamente o que aconteceu; quanto mais estressados os bombeiros se sentiam durante o serviço, mais influenciados foram pelas más notícias inesperadas que demos. As informações que fornecemos (como a probabilidade de fraude de cartão de crédito ou roubo) não tinham nenhuma relação com seu trabalho na corporação, mas quando eles estavam sob estresse, qualquer notícia alarmante tinha um forte impacto.

Provavelmente, esse mecanismo tem suas vantagens. Se você for um antílope e seu habitat estiver cheio de leões famintos, você vai querer ficar atento a qualquer sinal de que há um predador por perto. O mesmo pode acontecer se você mora em um bairro violento: uma recepção maior de *qualquer* sinal negativo pode ajudá-lo a se manter vivo. O problema é que esse instinto pode nos levar também a reações exageradas. Por exemplo, as pessoas podem comprar bons seguros contra terremotos depois de um abalo sísmico na Califórnia, mesmo que morem em Iowa. Como outro exemplo, pense nos ataques terroristas, como aquele em Paris em 13 de novembro de 2015. A notícia dos ataques a civis na Cidade Luz rapidamente se espalhou pelo planeta. Gente de toda parte temia pela própria segurança e seguiu-se o pânico em escala mundial.[4] Isso, por sua vez, deixou as pessoas excessivamente vigilantes a qualquer relato negativo da mídia, o que, por sua vez, levou civis a superestimarem riscos. As pessoas então decidiram ser cautelosas por algum tempo – ficar em casa em vez de sair, evitar visitas a cidades grandes.

Da mesma forma, os mercados financeiros reagem com exagero a quedas – quando o mercado mostra um sinal de possível declínio, as pessoas entram em pânico. Qualquer informação indicando a mais leve possibilidade de uma queda recebe um peso maior do que teria anteriormente. As pessoas então se retiram do mercado e a situação se agrava, aumentando o estresse dos investidores e despertando um pânico ainda maior, o que aumenta a atenção à informação negativa e assim por diante. Quando estamos estressados, ficamos fixados na detecção de perigos; focalizamos no que pode dar errado. Isso, então, cria uma visão excessivamente pessimista que, por sua vez, pode nos levar a um excesso de prudência.

Evitar o risco

As competições esportivas nos dão uma oportunidade maravilhosa de observar como os indivíduos se comportam sob ameaça. Como os jogadores reagem quando são intimidados pelos adversários?

Prepare-se para o nosso próximo salto.

O ano: 2007. O lugar: Berkeley, Califórnia. O corpo: Jeff Tedford, treinador dos Golden Bears, equipe de futebol americano da Universidade da Califórnia. Os Bears vivem uma sequência de vitórias. Ganharam cinco jogos consecutivos no primeiro mês da temporada universitária. Quando têm de ficar cara a cara com os Oregon State Beavers em um jogo de volta em Berkeley, em 13 de outubro, eles haviam saltado do 15º lugar, no início da temporada, para a segunda posição nacional. Era a melhor classificação desde 1951, e 64 mil torcedores estão no estádio para torcer. Os companheiros de equipe estão eufóricos. Se vencerem o jogo de hoje, conquistarão a primeira posição, que não ocuparam em meio século.

A sorte deles, porém, está prestes a acabar. Duas semanas antes, em uma partida contra os Oregon Ducks, o *quarterback* dos Golden Bears, Nate Longshore, sofreu uma lesão no tornozelo. Agora, minutos antes do início da partida no estádio de Berkeley, seu treinador, Jeff Tedford, decide que Longshore não está apto a jogar. Será substituído por Kevin Riley, o inexperiente *quarterback* reserva. E com essa atitude começa o lento e firme declínio dos Bears.

A partida é apertada, decidida na última jogada; faltando 14 segundos para o fim do terceiro tempo, Kevin Riley se vê diante de uma decisão difícil. Ele tem a bola; ou pode levar o jogo para a prorrogação, chutando para um *field goal*, ou pode correr para a *end zone*. Ele precisa tomar a decisão em uma fração de segundo. "Eu sabia que havia 14 segundos no tempo regulamentar. (...) Vi algum campo livre e pensei que podia contornar aquele cara. Só estava usando os instintos do jogo. Estava mergulhado no jogo."[5]

Ele não conseguiu chegar à *end zone* e os Bears perderam a partida crítica. O treinador Tedford foi visto jogando a prancheta no chão.

Daí em diante, a temporada dos Bears sofreu um revés.

"Algo mudou naquela noite... é quase como se alguma coisa tivesse estourado", observou um comentarista.[6]

A pressão aumentou rapidamente nos ombros do treinador Tedford e dos outros jogadores. Os Bears perderam cinco das seis partidas seguintes e cada derrota aumentava o estresse. Eles foram ladeira abaixo, da segunda para a nona posição, depois para a vigésima, e por fim saíram inteiramente da ladeira, terminando a temporada fora da zona de classificação. Kevin Riley constantemente duvidava de si e Tedford "jamais voltaria a colocar tamanha responsabilidade em um jogador jovem e inexperiente", e ele "sentiu que tinha de ser excessivamente prudente depois disso", especulou um torcedor.[7]

O treinador Tedford passou a adotar uma abordagem conservadora e altamente previsível e "os Bears nunca mais venceram uma partida em que não fossem francos favoritos".[8] Como explicou outro torcedor dos Bears, "Tedford raras vezes perde jogos por mais de dois *touchdowns*. Porém, isso também dificulta para nós [os Bears] ganharmos dos USC Trojans, porque podemos nos conter e não cometer muitos erros para tentar levar a partida no final. (...) Passamos a nos orgulhar de perder por pouco dos Trojans."[9]

Depois que os Bears começaram a perder, Tedford pode ter se sentido intimidado e passado a evitar o risco. Ele não é uma anomalia. Examinando mais de mil partidas entre 2002 e 2006, Brian Burke, o criador do Advanced NFL Stats, site sobre futebol americano e teoria dos jogos, descobriu que as equipes perdedoras, como a de Tedford, tinham uma probabilidade menor de variar seu jogo. Quando começavam a fracassar, passavam a minimizar os riscos. A hipótese de Burke é de que os treinadores "tentam permanecer no jogo pelo maior tempo possível. Os treinadores derrotados minimizam o risco durante toda a partida na esperança de um milagre pelo caminho. Eles parecem tentar reduzir a possibilidade de serem rebaixados."[10] Chris Brown, autor de *The Art of Smart Football*, concorda: "Em quase toda rodada vejo times enfrentarem Southern Cal, LSU ou Ohio State [equipes fortes de futebol universitário] e abandonarem toda esperança de vencer para manter o placar apertado e ganhar no quarto tempo."[11]

Brown e Burke são da opinião de que evitar o risco costuma ser a abordagem errada para os perdedores. É claro que a estratégia conservadora implica que os times perdedores têm uma probabilidade menor de fracasso retumbante, mas também é menos provável que vençam. O jogo será previsível, com estratégias previsíveis e placar previsível. Assim, se você é o perdedor e evita o risco, provavelmente perderá. Porém, em partidas arriscadas, os resultados podem variar muito; o leque de hipóteses se amplia e abrange mais possibilidades – inclusive a chance de o risco compensar.

Nas palavras de Brown, os times perdedores "têm pouca possibilidade de vencer por mérito, e assim o que eles precisam fazer é (...) aumentar a chance de um choque: assumir riscos e torcer para que a moeda caia a seu favor. Talvez não consigam. Talvez sejam rebaixados. Mas deixar de assumir esse risco é um jeito certo de gravar em pedra sua chance baixa de vitória". Entretanto, repetidas vezes, equipes como os Golden Bears da Califórnia assumem a abordagem contrária. Quando estão bem no jogo, eles se arriscam e fazem jogadas ousadas; quando são os perdedores, evitam o risco, fugindo do imprevisível como se fosse fogo.

Brown e Burke tentaram encontrar motivos para que os perdedores deixem de assumir riscos quando deveriam. Quem sabe uma "quase vitória" segura é melhor para o moral da equipe do que assumir um risco? Quem sabe o treinador está tentando salvar sua reputação ao evitar um rebaixamento?

Talvez. Desconfio, porém, de que existe outro motivo. Para assumir um risco, você precisa imaginar a possibilidade de ele compensar; precisa acreditar que a vitória é uma alternativa. Quando decide seu próximo movimento, você considera as informações que tem e o que esses dados lhe dizem a respeito da probabilidade de diferentes hipóteses darem certo. Contudo, como vimos anteriormente, depois que se sentem ameaçadas, as pessoas passam a se concentrar mais no negativo, e é mais provável que pensem em como as coisas podem dar errado. Por conseguinte, decidem agir de forma conservadora mesmo quando a melhor abordagem é assumir riscos. O treinador Tedford simplesmente estava sendo humano; reagia ao estresse do fracasso.

Em situações que ameaçam a vida, evitar o risco pode ser a abordagem ideal. Porém, também reproduzimos esse comportamento em situações em que existem decisões melhores a tomar. A boa notícia é que podemos vencer esse instinto. Como? Vamos ao próximo salto – ao corpo de Michael Chang.

Como um azarão venceu a intimidação

Segunda-feira, 5 de junho de 1989. Nas quadras de tênis do Stade Roland Garros, em Paris, um asiático-americano de 17 anos estava pronto para sacar. Seu nome era Michael Chang e chegou ao Aberto da França como 15º colocado no ranking. Do outro lado da quadra estava o jogador tcheco Ivan Lendl. Ivan era doze anos mais velho do que Michael, o que o tornava muito mais experiente. Com 1,87 metro, ele também era fisicamente maior do que o magro Chang, de 1,74 metro. Mais importante, Lendl era o número 1 do mundo; chegara ao Aberto da França depois de vencer o Aberto da Austrália e muitos outros torneios naquele ano.

"Chang não era do nível dele", disse Bud Collins, que cobria o jogo para o *Boston Globe* e a NBC.[12] Ele era o azarão – simples assim.

Aquela não era a primeira vez que Chang e Lendl se viam em lados opostos da quadra. Um ano antes, eles se encontraram em Des Moines, Iowa, onde Lendl derrotara Chang sem precisar piscar.

"Quer saber por que venci você hoje?", perguntou Lendl em Iowa. "Para falar a verdade, você não tem nada que possa me atingir. Você não consegue servir; seu segundo serviço não é muito forte. Assim, sempre que jogo com você, posso fazer o que quiser, como eu quiser e vou vencer você com muito conforto, como fiz hoje."

Parece que as palavras de Lendl calaram fundo no coração de Chang e ele passou o ano seguinte trabalhando em seu serviço, batendo a bola com mais força, movimentando-a melhor.[13] Seu trabalho começou a compensar. Embora Lendl tenha levado tranquilamente os dois primeiros sets na quadra francesa, Chang conseguiu vencer os dois seguintes. Entretanto, o esforço cobrou seu preço ao mais jovem. Jogar com toda força por mais de três horas o deixou fraco e desidratado. Ele tentou compensar abastecendo constantemente seu corpo esbelto com água e banana e escolhendo movimentos que conservavam energia.

"Mais para o fim do quarto set, passei a ter cãibra sempre que precisava correr muito. Assim, recorri a bater um monte de bolas altas e tentar encurtar os pontos ao máximo", disse Chang.[14]

Mas seu corpo o deixava na mão. Avançar um pequeno passo parecia desafiador como escalar o Himalaia, mexer o braço para bater a bola era tão difícil quanto arrancar um trilho de bonde. Ele decidiu desistir: "Eu não conseguia sacar, não conseguia arrumar nenhuma bola que fosse batida nos cantos e fui para a linha de serviço, basicamente para dizer ao árbitro que não podia mais jogar. Eu estava acabado."[15] A reação intuitiva de Chang era ir para casa, retirar-se para sua zona de segurança. Mas então ele pensou duas vezes.

Segundos antes de chegar ao árbitro, ele mudou de ideia: "Eu me dei conta de que se abandonasse o jogo naquele momento, ficaria muito mais fácil abrir mão em quaisquer outros momentos de dificuldade. E a partir dali não foi tanto uma questão de ganhar ou perder, mas de completar a corrida que aquela partida se tornara, que estava no quinto set. Ganhando ou perdendo, eu precisava terminar a partida."[16] Ele se virou para completar o quinto e último set, que decidiria o jogo.

Você deve estar imaginando o que aconteceu. A história inspiradora do peixe miúdo dominando o gigante não é, porém, o motivo para eu contar esta narrativa. Quer Chang tenha vencido ou perdido, as duas decisões seguintes que ele tomou fizeram dele uma anomalia.

Ficando para trás em 15-30 e ainda lutando fisicamente, Chang decidiu assumir uma série de riscos nada convencionais. Seus atos seguintes tinham uma alta probabilidade de fracasso e poderiam ter um custo terrível – se ele fracassasse, pareceria um tolo e inexperiente diante do mundo. Mas, se tivesse sucesso, a recompensa seria enorme: o adolescente de Hoboken, filho de imigrantes, sairia triunfante.

Chang decidiu por uma tática incomum:

"No calor do momento eu pensei, vou dar um saque por baixo aqui, porque meu primeiro serviço não está prestando mesmo. Vamos ver se eu consigo arrancar um ponto."[17] Em vez de tentar um serviço rápido e forte, ele bateu a bola como uma criança.

E deu certo. O saque por baixo pegou Lendl de surpresa, deixando o placar em 30 iguais. Encorajado, Chang decidiu experimentar outro truque.

"Eu tinha dois *match points*", imaginou ele, "então podia muito bem correr um risco."[18]

Chang lentamente avançou para a linha de serviço, tentando distrair Lendl com este movimento incomum. O público reagiu com risos e gritos. Lendl, confuso, acabou cometendo dupla falta no serviço. O jogo era de Chang e ele foi em frente, vencendo o Aberto da França. Era o primeiro americano a ganhar um torneio de simples de Grand Slam em cinco anos.

Como vimos anteriormente, quando as pessoas estão intimidadas, tendem a evitar movimentos arriscados e adotar uma abordagem conservadora; elas não se arriscam como Chang. O que, então, ajudou Chang a superar os atos típicos de perdedor?

Quando indagado sobre o que o motivou a assumir riscos, Chang atribuiu sua força psicológica recuperada aos acontecimentos na praça Tiananmen na véspera da partida. Em 4 de junho de 1989, milhares de manifestantes civis desarmados perderam a vida ao tentar bloquear o avanço de militares chineses na praça. Chang assistiu aos acontecimentos pela TV na noite anterior ao confronto na quadra com Lendl. A tragédia podia tê-lo desmotivado e aumentado sua ansiedade. Entretanto, aconteceu o contrário. Em vez de inibir seu estado de espírito, os acontecimentos na praça Tiananmen levaram Chang a pensar na partida de tênis não como uma causa perdida, mas, nas palavras dele, como "uma oportunidade de levar um sorriso ao rosto de chineses do mundo todo quando eles não tinham muitos motivos para sorrir".[19] Chang estava reestruturando ativamente a situação em sua mente, concentrado na oportunidade, mesmo sob ameaça. Ele manteve este pensamento na quadra, e o resto é história.

A espécie humana, provavelmente diferente de qualquer outro animal, tem a capacidade de dirigir conscientemente sua atenção interior a diferentes aspectos da situação e superar suas reações automáticas. Em um estudo, por exemplo, voluntários assistiram a um filme de terror que lhes provocou medo. É claro que quando solicitados a tomar decisões monetárias logo em seguida, era mais provável que evitassem o risco financeiro, mesmo que as chances estivessem a seu favor.[20] Mas aqui está a reviravolta; quando foram instruídos a reavaliar o filme, a pensar nele de um jeito diferente para anular o medo – talvez tendo em mente que era só um filme –, os voluntários ficaram mais receptivos ao risco assumido.[21] Em outras palavras, podemos alterar conscientemente nosso estado emocional para vencer padrões instintivos. Como isto acontece no cérebro? Para entender, daremos o último salto – desta vez para a mente de Laurie, estudante de graduação do Instituto de Tecnologia da Califórnia, o Caltech.

Domando a amídala

O Instituto de Tecnologia da Califórnia, em Pasadena, atrai alguns dos intelectos mais brilhantes do mundo; 34 de seus ex-alunos receberam o prêmio Nobel e muitos fundaram depois importantes empresas. O ambiente competitivo, porém, também pode criar um estresse considerável para os novatos. Como esta pressão afeta o desempenho acadêmico dos estudantes? E o que faz um aluno sucumbir ao estresse, mas outro superá-lo?

Para responder a esta pergunta, uma equipe de cientistas convidou alunos do Caltech a seu laboratório, em grupos de cinco.[22] Albert, Robert, Marie, Laurie e William chegaram ao laboratório e fizeram um teste de QI. Seus exames foram pontuados e documentados. Todos os cinco se saíram extremamente bem, com uma pontuação média de 126. (Para fins de comparação, o QI médio da população em geral é de 100.)

Algumas semanas depois, os estudantes voltaram para refazer o teste. Desta vez, porém, havia uma alteração: enquanto o exame era feito, mostraram aos estudantes a classificação deles no grupo. No início, a pontuação de todos despencou. O medo da humilhação social e o estresse da competição interferiram em sua capacidade de raciocinar com clareza. Porém, à medida que o teste progredia, Albert e Laurie livraram-se da ansiedade e se concentraram na tarefa que tinham. Na realidade, eles ficaram motivados a fazer melhor do que os outros e a pontuação final dos dois aumentou. Os outros estudantes, porém, não conseguiram se recuperar e acabaram com uma pontuação mais baixa do que a anterior.

O cérebro dos estudantes foi escaneado enquanto eles faziam o teste e os cientistas estudaram estes exames de varredura para descobrir o que fez com que Albert e Laurie tivessem uma reação diferente do resto do grupo. As leituras mostraram ter sido fundamental a atividade em duas estruturas cerebrais: a amígdala e os lobos frontais. Como discutimos em capítulos anteriores, a amígdala é aquela estrutura no fundo do cérebro importante para processar as emoções, como o medo, bem como os sinais sociais. Os lobos frontais são fundamentais para o planejamento, para atividades altamente cognitivas e o controle de nossas emoções, entre outras funções.[23] Todos, no início, tiveram uma atividade elevada na amígdala. Porém, a atividade da amígdala de Albert e Laurie diminuiu rapidamente, enquanto a atividade de seus lobos frontais aumentou. Presume-se que eles tenham conseguido domar cognitivamente o medo e se concentrar na tarefa. Por outro lado, a atividade da amígdala dos demais estudantes continuou elevada. Parece que Albert e Laurie, da mesma forma que Chang, conseguiram vencer a intimidação social e voltar a se concentrar. Os outros continuaram intimidados e isto prejudicou seu desempenho.

Apostando alegremente

Desconfio de que muitos estudantes não tinham consciência de que este medo afetava a pontuação em seu teste. A maioria de nós não percebe como nossas reações emocionais alteram a mente; isto acontece além de nossa consciência. Entretanto, a influência oculta de nosso estado emocional é abrangente – não são apenas estados emocionais negativos, como o estresse, que afetam o pensamento e as decisões das pessoas; os estados positivos também.

Uma demonstração impressionante vem de um estudo que examinou as vendas de bilhetes de loteria. A probabilidade de ganhar na loteria é absurdamente baixa. Assim, o que leva uma pessoa a comprar um bilhete? Bem, um fator que contribui parece ser o estado de espírito. Examinando as vendas da loteria em Nova York, Ross Otto e seus colegas da Universidade de Nova York encontraram um padrão peculiar.[24] Quando havia bons acontecimentos inesperados, mais gente comprava bilhetes de loteria. Uma equipe esportiva local inesperadamente vencia um jogo? As compras aumentavam. Um dia ensolarado e atípico no meio do inverno? As vendas subiam.* Esse estudo é correlacional – mostra uma relação entre variáveis, mas não sabemos se um fator está motivando outro. Porém, uma teoria é de que o acontecimento positivo inesperado, como o dia ensolarado e luminoso, faz com que as pessoas se sintam bem. Quando você está alegre e relaxado, é mais provável que sua mente se concentre em como as coisas podem ser benéficas para você. Você pode então superestimar a sorte e ficar mais inclinado a assumir um risco.

★ ★ ★

A histeria em massa em Nova York e Arrabah, o treinador da NFL que evita o risco sob ameaça e bombeiros sintonizados com informações negativas – todos estes exemplos destacam o fato de que a influência é mais do que a mensagem ou o mensageiro. Um componente essencial é o estado mental do receptor. O estado emocional das pessoas pode alterar completamente seu raciocínio, suas decisões e interações. Sua amiga Snooky pode se convencer

---

* Os autores alegam que isto não pode ser atribuído simplesmente a uma probabilidade maior de as pessoas estarem ao ar livre, porque um típico dia ensolarado de verão não tem o mesmo efeito. O pressuposto é que um dia ensolarado e atípico nos deixa mais felizes do que aquele típico.

por um argumento seu, caso esteja ansiosa naquele dia, mas não se deixará afetar se estiver relaxada. Em diferentes estados emocionais, as pessoas dão atenção a diferentes sinais. É importante ter isto em mente. Ele explica, por exemplo, por que as campanhas de medo podem ser inúteis em determinada época e lugar, entretanto eficazes em outra. Se você estiver tentando dar conselhos – a um jogador em uma série de vitórias, a um paciente que acabou de receber um diagnóstico sombrio, ou a um cliente no meio de um divórcio –, precisa bancar o "Sam Beckett": saltar de sua realidade para a do outro, a fim de avaliar seu estado emocional. O estado emocional de uma pessoa afetará sua reação ao que você tem a dizer. É necessário haver uma combinação entre as opiniões que emitimos e o estado do indivíduo diante de nós. A mesma pessoa vai ignorar sua orientação num dia, mas a receberá de braços abertos em outro, simplesmente porque seu time de futebol perdeu na noite anterior ou porque o sol está brilhando em um dia de inverno.

CAPÍTULO 7

POR QUE OS BEBÊS ADORAM IPHONES?
(OS OUTROS, PARTE I)
A força do aprendizado social e a busca da singularidade

Em um luminoso dia de abril, vi-me na maternidade de um hospital de Londres alternando entre gritos violentos e agudos e uma procura civilizada por nomes de bebês. Scarlett? Dotty? Isabella? Entre uma contração dolorosa e torturante e a seguinte, meu marido e eu tínhamos três minutos de relativa clareza para dar atenção à importante tarefa de escolher um nome para nossa filha ainda não nascida. Zoe era uma graça, mas combinaria com nossa filha se ela fosse uma CEO quando crescesse? Theodora tinha classe, mas era sério demais. Estávamos decididos a não permitir que nosso pacotinho de aflições e alegrias entrasse sem nome no mundo. Não é que fôssemos procrastinadores tenazes, deixando esta tarefa fundamental para a última hora. Não, nos últimos meses passamos horas toda noite debatendo as alternativas. Queríamos um nome que fosse significativo, sofisticado, fácil de falar e de pronunciar, que não nos lembrasse de ninguém que fosse menos do que perfeito, que fosse único, mas não esquisito e que combinasse tanto com uma estrela do rock quanto com uma presidente (só por precaução).

Ansiosos e ingênuos, como costumam ser os pais de primeira viagem, queríamos dar um ótimo começo a nossa filha. Em nossa mente, havia muito em jogo. O nome seria a primeira parte de sua identidade, retratando nossas expectativas do que aquela pequena pessoa se tornaria. Como cientistas do comportamento, sabíamos muito bem como as expectativas podem se cumprir sozinhas.*

---

* A ciência da relação entre nomes e resultados na vida é confusa. Em seu maravilhoso livro *Freakonomics*, Steven D. Levitt e Stephen J. Dubner apresentam dados sugerindo

As expectativas em torno de um nome, pensamos, podem afetar como nossa filha veria a si mesma e como os outros a perceberiam. A pesquisa mostra que as meninas com nomes femininos, por exemplo, Elizabeth, têm uma probabilidade maior de estudar humanas, enquanto meninas com nomes que soam masculinos, como Alexis, são mais inclinadas a escolher a matemática; meninos com nomes "de menina", como Morgan, têm uma probabilidade maior de apresentar problemas de comportamento; e crianças com nomes tradicionalmente dados por pais desprivilegiados são tratadas de forma diferente do que os irmãos com nomes pomposos, como Sebastian. Como se não bastasse, um estudo de 3 mil pais e mães publicado em 2010 revelou que um genitor em cinco acabava se arrependendo do nome que dava ao filho.[1] Até que ponto os nomes realmente afetam a vida da pessoa? Não tínhamos certeza, mas decidimos não correr nenhum risco.

Essas considerações não nos ocorreram inicialmente. Achávamos que dar um nome a nossa filha seria uma tarefa fácil. Logo depois de descobrir que teríamos uma menina, concordamos que gostávamos de como soava Sophia. Tem certo toque de Velho Mundo e significa "deusa da sabedoria". Perfeito. Ficamos felizes com o feto Sophia. Isto é, até que meu marido decidiu olhar a lista dos cem nomes de bebês mais populares. Para nossa completa devastação, no topo da lista estava Sophia. Ao que parecia, o resto do mundo pensava exatamente como nós a respeito de nosso nome maravilhosamente sofisticado.

Ficamos aturdidos. Até aquela altura, estávamos convencidos de que tínhamos um gosto único, um jeito diferente de pensar e uma percepção incomum do mundo a nossa volta. Bom, uma olhada rápida pela lista deu um fim a tudo isso. Não só estávamos prestes a dar a nossa filha o nome mais comum, de acordo com a estatística da Administração de Seguro Social dos Estados Unidos

---

que um nome reflete as expectativas dos pais e não tem efeito causal (direto ou indireto) na vida do filho. Todavia, decidimos não nos arriscar e escolher o que Levitt e Dubner chamam de um nome "vencedor".

de 2013, como todos os outros nomes de nossa lista de vencedores estava entre os dez mais da América *e* do Reino Unido. Olivia? Foi. Emma? Foi. Mia? Foi. Quem poderia imaginar que éramos iguais a todos os outros? Estávamos alegremente inconscientes de que bilhões de outras pessoas no planeta partilhavam nossos gostos e que nosso forte senso de individualidade podia ser uma ilusão.

Por que pessoas aparentemente diversas têm preferências semelhantes? Sophia pode não ser objetivamente melhor do que milhares de outros nomes por aí. Nem é verdade que estávamos todos tomando uma decisão consciente de seguir uma tendência. Então, por que tantas pessoas tomaram a mesma decisão na mesma época?

Aprendizado social desde o primeiro dia

Depois de vinte horas na maternidade aos gritos, suor e palavrões, eu estava mais interessada em analgésicos do que em dar um nome a minha filha. Assim, deixei seu destino nas mãos confiáveis de meu marido. De nossa curta lista de finalistas, ele escolheu Livia (Livia foi a esposa combativa do imperador romano Augusto). E assim a corajosa e pequena Livia nasceu e rapidamente progrediu do choro para o sorriso, depois se sentava, passando a engatinhar. Alguns meses antes de fazer um ano, meu amigo Nick veio nos visitar. Contou-me com entusiasmo da cerimônia *doljanchi* a que havia comparecido na semana anterior. O *doljanchi* é uma tradição coreana em comemoração ao primeiro aniversário de um filho. A melhor parte do *doljanchi*, disse Nick, é o ritual de leitura da sorte. O bebê inocente é colocado diante de um sortimento de objetos e estimulado a escolher um. Acredita-se que a seleção prevê o futuro da criança: se ela escolher uma banana, nunca sentirá fome; um livro significa que está destinada à vida acadêmica; uma moeda de prata prevê a riqueza; um pincel, a criatividade.

Fiquei intrigada. Naquela mesma noite, coloquei Livia na frente de uma coleção de objetos: um estetoscópio (será que ela vai ser médica?), um cachorro de pelúcia (veterinária?), uma planta (militante do Greenpeace?), um pedaço de torta (chef de cozinha?) e um modelo colorido do cérebro (neurocientista?). Livia examinou atentamente as opções, não teve pressa nenhuma, depois foi diretamente ao iPhone que por acaso eu tinha deixado no canto da mesa.

Isso não deveria ter me surpreendido. A garotinha era obcecada por este aparelho. Ela rolava habilidosamente de um lado da sala para o outro a fim de pegá-lo. Uma manobra dessas teria perfeito sentido se ela depois verificasse sua conta de e-mail ou atualizasse seu status no Facebook. Esta, porém, não era a intenção dela. Quando finalmente pegava o telefone, rapidamente o colocava na boca e tentava mastigar. Jamais conseguiu comer o iPhone, mas isso não a desanimava. Ela tentava, sem parar, pegar o telefone, mesmo que houvesse itens comestíveis à vista. Não era o barulho, nem eram as luzes que a intrigavam; Livia tinha outros brinquedos musicais e brilhantes que ela não desejava tanto. O iPhone era o objeto que ela queria porque, desde o dia em que nasceu, ela viu os pais interagirem constantemente com ele, e com muito interesse. Embora só tivesse alguns meses de idade e não conseguisse nem mesmo dizer uma palavra, ela conseguiu inferir que aqueles retângulos de metal deviam ser extremamente valiosos.

A predileção da pequena Livia por iPhones nos diz algo importante a respeito do funcionamento de nosso cérebro. Sugere que nascemos com uma predisposição automática a aprender com aqueles que nos cercam. A tendência é instintiva, um reflexo – como o impulso para o aprendizado social.

O cérebro humano é projetado para adquirir conhecimento em um contexto social. Aprendemos quase tudo – de que objeto é mais valioso a como descascar uma laranja – observando o comportamento dos outros. Nós imitamos, assimilamos e adotamos; e frequentemente o fazemos sem perceber. A vantagem desta configuração é que não precisamos aprender apenas por nossas próprias experiências limitadas com o ambiente, podemos também pegar informações ou técnicas da experiência de muitos outros. Isto significa que podemos aprender rapidamente, em vez de apenas passar pelo lento processo de tentativa e erro.

Nós aprendemos observando a vida de outra pessoa – como fez minha filha, observando os pais interagirem com os telefones – ou por uma tela, como as redes sociais, o cinema e a televisão. Por exemplo, a popularidade recente do nome Mason nos Estados Unidos pode remontar a Mason Disick, filho das celebridades de reality show Kourtney Kardashian e Scott Disick. Embora a popularidade do nome já estivesse aumentando, um ano depois do nascimento de Disick ela saltou do número 34 na lista dos cem preferidos para o número 2 e só caiu abaixo da quarta posição cinco anos depois. Você nem mesmo precisa estar familiarizado com as séries de TV para ser afetado; como explicaram lindamente James Fowler e Nicholas Christakis em seu livro *O poder das conexões*, a influência viaja de uma pessoa para outra. É claro que não podemos provar aqui causa e efeito – Mason Disick pode não ter nenhuma relação com a popularidade maior de seu nome, mas pode ser um reflexo dela. (Em outras palavras, os pais podem ter sido influenciados por uma tendência crescente.) Porém, o fato de que muitos nomes populares vivem uma explosão logo depois do aparecimento na mídia de um personagem real ou fictício com esse nome sugere a probabilidade da causação. (Caso você esteja se perguntando, os especialistas em nomes ainda debatem a origem da popularidade de Sophia.)

Todavia, quase todos nós afirmamos que somos menos influenciados pelos outros do que nosso vizinho. É claro que isto é estatisticamente impossível. Não podemos ser todos menos suscetíveis do que a pessoa média. O motivo para vermos a nós mesmos como pequenas versões de Mahatma Gandhi é que a influência costuma operar longe de nossa percepção. Na verdade, o que a maioria de nós diz desejar é bem diferente. A ideia de que somos o produto das preferências dos outros é desagradável. Nosso impulso consciente para a individualidade, junto com nossa aptidão inconsciente para o aprendizado social, leva-nos a convergir para as mesmas opções "peculiares".

Pensar diferente?

Em julho de 1997, Craig Tanimoto, diretor de arte da agência de publicidade TBWA\Chiat\Day, tinha a tarefa de elaborar uma campanha publicitária para computadores pessoais. A cliente, uma empresa de hardware, tinha um bom produto, mas pelejava com as vendas. Embora os tipos artísticos comprassem seus computadores, as massas estavam comprando IBM ThinkPads. A empresa precisava alcançar as massas, se quisesse sobreviver.[2] Como Craig podia influenciar as pessoas a abandonar a IBM e comprar os produtos de sua cliente?

Outras três equipes na agência de Craig também tentavam pensar em soluções inovadoras. Depois de uma semana de *brainstorming*, eles se reuniram para apresentar as propostas. Rob Siltanen, diretor de criação da agência na época, lembrou-se de uma sala de reuniões coberta do chão ao teto de esboços, fotografias e cartazes.[3] A maioria das ideias era comum e nada inspiradora. Mas a proposta de Craig se destacou. Craig tinha reunido imagens em preto e branco de pessoas extraordinárias. Uma de Thomas Edison, uma segunda de Albert Einstein, uma terceira de Mahatma Gandhi. No alto de cada foto, inseriu as palavras "Pense Diferente" e o logotipo de arco-íris da Apple. Simples, mas genial.

A campanha "Pense Diferente" teve um imenso sucesso. Ganhou cada prêmio e disparou as vendas da Apple. Todos queriam pensar como Edison ou Einstein, e se a resposta era um Macintosh, que fosse. Hoje, metade de todos os lares americanos possui um produto da Apple e, por ironia, foi a campanha "Pense Diferente" que deu o pontapé inicial neste frenesi. Craig recorreu a um desejo humano fundamental – ser único, entretanto moderno. O paradoxo, naturalmente, é que enquanto preferimos nos ver como diferentes, também adotamos rapidamente as visões e preferências daqueles que nos cercam; o tipo de música que ouvimos, o tipo de pessoas com quem fazemos amizade, a tecnologia que usamos e os nomes que damos a nossos filhos não são decisões que tomamos de forma independente.

Essa tendência costuma ser retratada como um ponto fraco; nossa falta de independência pode significar que trocamos os próprios objetivos pelos dos outros, que talvez não sejam corretos para nós. É uma preocupação legítima a que retornarei posteriormente. Mas vire a mesa e você verá que o aprendizado social pode ser uma oportunidade incrível, um instrumento para afetar positivamente as pessoas que o cercam simplesmente servindo como modelo de um comportamento desejado. Demonstre as opções corretas e você aumentará a probabilidade de que os outros escolham o mesmo. Porém, tome decisões ruins e os outros poderão tomar também.

Se todo mundo pede merlot – tô fora!

Uma das demonstrações mais claras do poder do aprendizado social ainda é a experiência original realizada pelo psicólogo de Stanford Albert Bandura no início dos anos 1960. Bandura convidou 72 alunos da pré-escola da creche de Stanford para participar de seu estudo.[4] Um dos participantes era o pequeno James. Quando chegou ao laboratório, James foi colocado no canto de uma sala de brincar com adesivos e carimbos para mantê-lo ocupado. No outro canto estava Harold, um pesquisador que trabalhava na equipe de Bandura. Harold ficou brincando em silêncio por alguns minutos. Depois, de súbito, do nada, passou a bater em uma boneca inflável que fora colocada ao lado dele.

"Pou pou!", gritava Harold.

James passou algum tempo observando o tumulto e depois foi levado a outra sala cheia de brinquedos. Interagiu alegremente com os caminhões e blocos de armar que encontrou ali e pouco depois tomou conhecimento de que teria de voltar à primeira sala. Frustrado, James passou a bater na boneca inflável depois de retornar.

"Pou pou!", gritava James.

Outro garotinho que participou do estudo foi Eddie. Eddie teve uma experiência semelhante à de James, com uma exceção; quando Eddie estava na sala com Harold, este não agia de forma agressiva. Por conseguinte, Eddie também não agiu com violência. Sim, Eddie também ficou frustrado por ter de deixar para trás a sala cheia de caminhões, mas não expressou esta frustração com agressividade. James e Eddie representam os participantes dos dois grupos experimentais do estudo de Bandura. Aqueles que observaram comportamentos violentos tinham uma probabilidade muito maior de exibir o mesmo depois. Os que não testemunharam Harold batendo na boneca, não fizeram isso.

Todos nós somos Harolds. Talvez não tenhamos consciência disso, mas nosso comportamento é percebido pelos outros e depois imitado. Isto é válido para quase todas as situações, mas particularmente verdadeiro em situações em que os outros prestam muita atenção – alunos, crianças, colegas e amigos. Damos aos outros sinais do que é normativo, do que é desejável. Se crianças, por exemplo, observam constantemente adultos ao telefone comendo batata frita, será extremamente difícil convencê-las de ler um livro enquanto comem uma pera. Porém, escolha a fruta em vez das fritas, e outros perto de você talvez façam o mesmo.

Considere, como exemplo, uma experiência realizada por mim e por uma aluna minha, Caroline Charpentier.[5] Pedimos a cem voluntários que viessem a nosso laboratório no centro de Londres depois de jejuar o dia todo: sem um desjejum inglês gorduroso, sem a necessária xícara de café, sem o lanche da tarde. Os estudantes chegaram famintos. Àquela altura, pedimos que classificassem oitenta alimentos diferentes, de feijão cozido a maçãs e ervilhas com wasabi. Em seguida, eles fizeram múltiplas escolhas dos alimentos, depois de saber que no final do estudo lhes daríamos o que selecionassem. Pouco antes de eles fazerem suas opções, mostramos o que foi escolhido por outros estudantes que tinham participado do estudo anteriormente. No final do trabalho, perguntamos se eles pensavam ter sido influenciados pelas opções de comida dos outros participantes.

Isso foi dito por um estudante: "Fiquei interessado e de vez em quando surpreso ao ver o que outros escolheram, mas minhas preferências continuaram as mesmas!" Outro argumentou: "A escolha foi deles e não me influenciou quando tomei minhas próprias decisões."

Como a maioria de nossos participantes, esses dois estavam completamente enganados. Vendo o comportamento da primeira participante, descobrimos que em 20% do tempo ela escolheu um alimento que inicialmente disse que não gostava (como tomate cereja), depois de saber que outros o haviam escolhido (o segundo estudante fez o mesmo em 10% do tempo). Isso quer dizer que em uma de cada cinco escolhas feitas, ela decidiu comer algo que anteriormente havia dito que não queria, graças ao aprendizado social.* Quando as pessoas percebem as escolhas dos outros, o cérebro automaticamente codifica a utilidade agregada daquelas opções escolhidas em regiões que são importantes para sinalizar o valor. Nosso cérebro opera de acordo com a regra de que o que é desejado pelos outros deve ser valioso. Mais tarde, quando chega a hora de escolher, resgatamos inconscientemente esses sinais valiosos e usamos para tomar uma decisão.

Um exemplo maravilhoso disto vem de um personagem fictício que teve um impacto enorme nas vendas reais de vinho.[6] Em 2004, o mundo conheceu Miles, um *connoisseur* de vinho em uma excursão por vinícolas no condado de Santa Barbara, na Califórnia. Miles, um divorciado de coração partido representado por Paul Giamatti no filme *Sideways – Entre umas e outras*, estava em uma despedida de solteiro com o amigo Jack, este prestes a se casar.

---

* Também tivemos uma condição controle que garantiu que essas escolhas ímpares se devessem ao aprendizado social e não ao "ruído" ao acaso nas classificações ou à falta de atenção dos participantes.

O filme fez maravilhas pelas vendas dos vinhos de Santa Barbara. Exceto por uma variedade: o merlot.

"Se todo mundo pede merlot, tô fora, eu NÃO vou beber merda nenhuma de merlot!" Com esta única frase no filme, Miles prejudicou as vendas do merlot por mais de uma década. Este efeito ainda não foi revertido. Miles optou pelo pinot noir, cujas vendas, desde então, explodiram. Simplesmente observar uma pessoa escolhendo – dar a seu filho o nome de Mason ou beber pinot noir – resulta em que aquelas opções parecem mais valiosas e é mais provável que sejam escolhidas pelos outros. Isto acontece mesmo que a pessoa que toma a decisão seja apenas fruto da imaginação de alguém.

A influência errada

A preocupação com o aprendizado social é que estamos influenciando os outros a atos que não são os melhores para eles. Pense, por exemplo, em Livia. Teria sido melhor se Livia tivesse escolhido a torta, que ela podia comer, ou o cachorro de pelúcia, com o qual podia brincar. Mas ela não queria as coisas que atendiam a suas necessidades; queria o único item que atendia às minhas – meu telefone. Tive medo de que ela ainda confundisse os dois vinte anos depois, quando chegasse a hora de escolher um emprego ou um parceiro na vida.

A situação poderia ter sido diferente se Livia e eu vivêssemos milhares de anos atrás, na floresta, com nossos ancestrais caçadores-coletores. Na época, a comida era escassa e muito valiosa para todos, e assim as necessidades de uma pessoa estavam mais alinhadas com as de outra: nutrição, calor, abrigo. Em geral, a estratégia ideal era procurar o que era considerado valioso pelos outros. Avance para os dias de hoje e a situação é um tanto diferente. Em nosso mundo abundante em cupcakes e bistecas, as necessidades básicas da maioria das pessoas no mundo ocidental são facilmente atendidas. Os itens agora considerados valiosos não são necessariamente fundamentais para a sobrevivência. Em nosso mundo especializado e customizado, os objetos que eu estimo não são necessariamente de muita utilidade para você.

Acompanhar a escolha de outra pessoa pode ser uma atitude inofensiva; porém, também pode ameaçar a vida. Eis aqui um exemplo marcante desses: todo ano, 10% das doações de rins nos Estados Unidos ficam inutilizadas. Por acaso, quando uma doação é rejeitada por um paciente, seja devido a um problema de saúde específico do paciente ou a suas crenças religiosas, o paciente seguinte na lista é informado de que o órgão foi rejeitado anteriormente, mas não informam os motivos. Esse paciente então supõe que o órgão tem problemas e dispensa uma cirurgia que pode salvar sua vida – como fará o paciente seguinte, e o seguinte. Substitua "rins" por "imóveis", "parceiros amorosos", "ações no mercado financeiro" ou "projetos profissionais" e fica evidente com que frequência as pessoas desprezam oportunidades que podem ser benéficas devido a escolhas anteriores de terceiros.[7]

Isso acontece tanto na internet como fora dela. Pense em sites populares – muitos quantificam e exibem a opinião de outras pessoas de uma forma digerível. É uma loja de doces para o cérebro com aprendizado social, cheia de pirulitos e marshmallows na forma de classificações e comentários. Por exemplo, na época da redação deste livro, rolando pelos cem sites mais visitados dos Estados Unidos, você encontraria o Facebook no número 3, a Amazon no número 5, o Twitter no número 10 e o Pinterest ocupando a décima quinta posição. Descendo ainda mais na lista, você daria com o Yelp, TripAdvisor e Reddit. Provavelmente você visitou um desses sites hoje. Eu visitei. Todos eles nos ajudam a decidir onde passar as férias, qual de nossos amigos curtimos, que livro devemos ler e que médico devemos evitar. Existem até sites de encontros em que as mulheres classificam o homem com quem elas saíram na noite anterior para informar outras mulheres. As classificações são a nova Bíblia – um guia para a vida. A questão é, até que ponto esse guia é bom?

Pressupomos que as classificações on-line são um reflexo das opiniões de muitos usuários independentes e lhes damos um grande peso. Mas há algo que não levamos em consideração. Quando você classifica um restaurante no Yelp, um livro na Amazon ou um hotel no TripAdvisor, não está começando por uma *tabula rasa*. No momento da classificação, já lhe mostraram as classificações existentes daquele restaurante, livro ou hotel, e aquelas classificações afetarão a sua. Sean Taylor, que recebeu seu doutorado da Universidade de Nova York e agora trabalha no Facebook, estudou como as classificações e comentários existentes influenciam classificações subsequentes.[8] Ele descobriu que se você manipular as classificações de forma que a *primeira* crítica seja elogiosa, a probabilidade de haver outras críticas positivas aumenta em 32% e a classificação final sofre um aumento de 25%! Isso quer dizer que, às vezes, a diferença entre um restaurante ou um livro com uma classificação média e outro com uma classificação fenomenal por ser atribuída à primeira pessoa que por acaso entrou no site e registrou sua opinião. A capacidade de uma pessoa, de uma classificação influenciar tantas outras que vierem depois é extraordinária.

Essas classificações importam para as decisões da vida das pessoas. Por exemplo, algumas semanas atrás ajudei um de meus alunos a escolher cursos para o semestre de outono. Sugeri um curso de psicologia social que podia ajudar em sua pesquisa. Meu aluno procurou pelo professor que ministrava o curso no www.ratemyprofessors.com. Depois de saber que a classificação do professor era baixa, ele decidiu dispensar e, em vez disso, fazer um curso de antropologia, porque era ministrado por um professor que recebeu uma pontuação alta. Meu aluno estava tomando decisões importantes para sua formação, com efeitos potencialmente duradouros, com base em números que talvez não refletissem tanto o que aparentavam. Ele também ignorava a possibilidade de que embora o estudante típico talvez não tivesse valorizado o curso, este podia ser adequado para seus interesses singulares.

Por dentro do cérebro

Alguns anos atrás, no Instituto de Ciência Weizmann, em Israel, Micah Edelson, Yadin Dudai e eu decidimos investigar o que acontece dentro do cérebro quando sabemos das opiniões e crenças dos outros. O que exatamente muda, do ponto de vista físico, no cérebro?

Imagine que você é um participante de nosso estudo. Em uma manhã de segunda-feira, você chega ao laboratório de Yadin, em um prédio moderno no meio de um campus verdejante e ensolarado a cerca de vinte minutos de carro de Tel Aviv. Você se senta na sala de espera, onde conhece Rosie, Danielle, Sue e Adam. Eles participarão do estudo com você. Micah, o pesquisador, entra na sala. Pede a todos que preencham alguns formulários e depois exibe um documentário. O filme dura 45 minutos; descreve as dificuldades de imigrantes ilegais em Tel Aviv. É um fato pouco conhecido, mas um grande número de imigrantes ilegais chega a Israel todo ano para trabalhar como cuidadores, na construção civil e no setor de restaurantes. A polícia criou uma unidade especial para localizá-los e o filme detalha a história emocionante do atrito entre os policiais e os imigrantes.

Depois que o filme termina, você se senta diante de um computador e faz um teste que envolve duzentas perguntas a respeito do documentário. Qual era a cor do vestido da mulher quando ela foi presa? (Você acha que é vermelho.) Quantos policiais estavam presentes naquele momento? (Provavelmente dois.) E assim por diante. Adam, Rosie e os outros participantes também fazem o teste. Todos se saem muito bem. Alguns dias depois, você é convidado a voltar ao laboratório. Desta vez, enquanto você repete o teste, seu cérebro passará por uma varredura em um aparelho de ressonância magnética nuclear. Para este teste, porém, antes de você decidir sobre cada resposta, mostram-lhe as respostas de Adam, Rosie, Sue e Danielle. Sem o seu conhecimento, em alguns casos você recebe respostas falsas – e são erradas de propósito.

Lá vamos nós. Qual era a cor do vestido da mulher quando ela foi presa? Você acha que é vermelho, mas Adam, Rosie, Danielle e Sue disseram que era branco. O que você faz? Espantosamente, em 70% do tempo, as pessoas acompanham as respostas erradas dadas pelos outros. Embora esses participantes pensassem saber a verdade, sua confiança foi destruída pelo grupo.

E não acaba aí. No final do teste, revelamos a nossos participantes que, na verdade, algumas respostas dadas por Sue, Danielle, Adam e Rosie eram falsas. Pedimos então aos participantes para repetirem mais uma vez o teste e que fizessem a gentileza de responder às perguntas de acordo com suas próprias lembranças.

É aqui que as coisas ficam muito interessantes. A manipulação foi tão poderosa que metade das lembranças de nossos voluntários mudou para sempre – eles agora tinham recordações imprecisas do filme e ficaram empacados na resposta errada.[9] Quando indagados se pensavam que ainda eram influenciados pelas respostas falsas que mostramos antes, sua resposta foi um "não!" quase unânime. O que estava acontecendo?

A chave para o enigma estava em uma região do cérebro de que talvez você se lembre de capítulos anteriores: a amídala. A maioria das espécies tem uma amídala, de camundongos a macacos; ela faz parte de nosso "antigo" cérebro evolutivo. A amídala é conhecida por seu papel no processamento das emoções, como o medo.[10] Mas o que a maioria das pessoas não sabe é que quando a função da amídala foi relatada pela primeira vez, pensava-se estar relacionada não com as emoções, mas com o processamento social. No final da década de 1930, dois cientistas, Heinrich Klüver e Paul Bucy, relataram que macacos com lesões no lobo temporal medial (onde fica a amídala) de súbito se envolviam em comportamentos sociais inadequados.[11] Agora sabemos que não são apenas os macacos que precisam de uma amídala intacta para ter uma vida social normal. A espécie humana também, porque a capacidade de processar a emoção está estreitamente relacionada com as habilidades sociais. Por acaso, se você tiver uma amídala grande, provavelmente terá mais amigos, redes sociais multifacetadas e provavelmente mais aptidão para fazer uma avaliação social precisa das pessoas.[12]

O que descobrimos em nosso estudo foi que quando um voluntário sabia das respostas de outra pessoa às perguntas do teste, sua amídala era ativada. A amídala então se comunicava com uma região próxima fundamental para a criação de lembranças – o hipocampo – e essa interação resultava em mudanças em como a pessoa se lembrava do filme.[13]

Descobrimos que essas mudanças socialmente induzidas na memória podiam ser corrigidas depois pela atividade do lobo frontal.[14] Quando os participantes de nosso experimento descobriam mais tarde que tínhamos fornecido recordações falsas dos outros, aqueles com lobos frontais muito ativos recuperaram sua lembrança original do filme. Mas essa correção nem sempre funciona. Quando reage muito fortemente às opiniões dos outros, a sua amídala ativa uma reação biológica que impede que os lobos frontais corrijam subsequentemente as falsas crenças.

Quando os voluntários de nossa experiência acompanharam as falsas recordações dos outros, em cerca de metade do tempo passaram verdadeiramente a acreditar que aquelas lembranças eram corretas. Eles não concordavam simplesmente para livrar a própria cara ou evitar o conflito; seu traço de memória foi fisicamente alterado. Uma grande vantagem de ver a atividade cerebral quando as pessoas são influenciadas pelos outros é que podemos detectar quando é provável que uma mudança na crença, na lembrança ou na preferência seja uma verdadeira modificação e quando uma pessoa apenas acha mais fácil concordar com a maioria, embora, no fundo, ela saiba a verdade.

Quem vai pular primeiro?

Quando suas opiniões e decisões são observadas pelos outros, elas farão uma diferença. Aceitar uma oferta de emprego, rejeitar um parceiro amoroso, dar uma alta classificação a um hotel, dispensar uma doação de órgão – tudo isso pode mudar as percepções e decisões dos outros. Porém, há outro fator crítico que determina se sua escolha influencia a dos outros: as consequências visíveis dessas decisões.

Considere o caso dos pinguins-de-adélia, descrito pelo economista Christophe Chamley.[15] Os adélias são pequenos pinguins que vivem na Antártida. Com o corpo preto e uma barriga branca e grande, eles parecem bebês de smoking. Em geral são encontrados andando em grupos grandes para a beira da água, em busca de comida. A preferida deles é o krill. Entretanto, o perigo está à espera na água gelada. A foca-leopardo, por exemplo, que gosta de ter pinguins como antepasto. A barriga grande e branca dos pinguins está roncando, mas a da foca também. O que faz um adélia?

A solução dos pinguins é fazer o jogo da espera. Eles esperam incessantemente na beira da água, até que um deles desiste e salta (ou é empurrado) para ela. No momento em que isso ocorre, os demais pinguins esticam ao máximo o pescoço pequeno. Eles observam com expectativa para saber o que vai acontecer. Se o pioneiro sobreviver, todos os outros o seguirão. Se perecer, eles se afastam. O destino de um pinguim altera o de todos os outros. Esta estratégia, você poderia dizer, é de "aprenda e viva".

Nós, criaturas altas e bípedes, fazemos o mesmo. Observamos o salto de nosso colega amante do risco e esperamos para ver se ele pousa em segurança antes de darmos nós mesmos o mergulho. Isto é verdade tanto literalmente – as pessoas vão esperar até que alguém pule de uma prancha de mergulho ou por sobre um espaço antes de agir – como figurativamente – é mais provável que fundemos uma empresa, escrevamos um livro, nos divorciemos ou tenhamos um filho se virmos outra pessoa fazendo o mesmo, acabando do lado certo da cerca. A observação é uma boa estratégia, mesmo que simplesmente estejamos escolhendo uma taça de vinho. Ver a reação dos outros enquanto bebem seu vinho tinto preferido não é uma política ruim para decidir que garrafa pedir.

Em resumo, as pessoas observam não só as suas escolhas, mas também as consequências que você vive depois delas. Por isso recompensar as pessoas pelo bom comportamento e castigá-las pelo comportamento ruim têm consequências amplas – afetam não só a pessoa que é elogiada ou criticada, mas também outros que estão assistindo. Para provar esse argumento, Albert Bandura, o psicólogo que conhecemos antes, acompanhou sua experiência da boneca inflável com um estudo semelhante em que Harold ou recebia um doce depois de bater na boneca, ou ouvia para nunca mais fazer aquilo. A criança no estudo mais provavelmente esmurraria a boneca inflável se observasse Harold ser recompensado e era menos provável que agisse assim se o visse levando uma bronca.[16]

Como o cérebro humano aprende com as consequências dos atos dos outros? Simplesmente utilizamos o mesmo sistema neural que usamos para aprender com a própria experiência? Ou evoluímos um mecanismo paralelo para aprender com o sucesso e o fracasso dos outros? A partir das experiências com macacos, sabemos que os neurônios que respondem a nossos próprios erros e triunfos não são os mesmos que reagem aos erros e triunfos dos outros. Essas células se localizam lado a lado, mas não formam uma unidade.[17] A distinção é útil porque nos permite diferenciar nossos próprios percalços dos contratempos dos outros, e ainda aprender com os dois.

Existe outra diferença em como seu cérebro reage a suas experiências em relação às dos outros. Essa diferença talvez revele um lado desagradável da natureza humana. No fundo de seu cérebro existe o corpo estriado. É uma antiga parte evolutiva do cérebro, importante, entre outras coisas, para aprender sobre o que pode nos trazer alegria e o que pode nos prejudicar. Os neurônios dopaminérgicos do corpo estriado tendem a fazer isso aumentando sua ativação quando o resultado é melhor do que o esperado (isso aumenta a probabilidade de que você repita o ato que leva ao bom resultado) e reduzindo sua ativação quando o resultado é pior do que o esperado (inibindo a probabilidade de que você repita o ato que leva ao resultado ruim).[18]

Por exemplo, imagine que você voltou à faculdade e seu professor lhe faz uma pergunta difícil. Você não tem certeza da resposta, mas consegue resmungar alguma coisa.

"Muito bem!", diz o professor. "Esta é a resposta mais articulada que ouvi o semestre todo. Você ganhou um crédito a mais!"

Os neurônios em seu corpo estriado enlouquecem. De imediato aumentam sua ativação, indicando que o *feedback* positivo do professor foi agradável e inesperado. Por outro lado, se o professor disser: "Sinceramente, isto não passa de um absurdo... estou muito decepcionado. Terei de dar a você uma nota baixa!", seus neurônios do corpo estriado reduzirão a ativação, indicando que o *feedback* do professor foi desagradável e imprevisto.

Mas aqui está uma questão interessante: estudos mostram que se não fosse você que o professor escolhesse, mas seu amigo Maximus, os neurônios de seu corpo estriado indicariam o padrão contrário de reação.[19] Eles aumentariam a ativação se Maximus ouvisse uma repreensão e reduziriam a ativação se Maximus fosse elogiado. Talvez seu cérebro perceba os outros como concorrentes e, assim, codifique os erros deles como recompensadores para o self e o sucesso deles como uma perda.

A questão importante, porém, é que você é capaz de aprender com a experiência de Maximus e ele com a sua, e isso é ótimo. Na verdade, sua mente faz mais do que apenas codificar a experiência de Maximus; ela costuma comparar o comportamento de Maximus com a reação que você imagina que teria. Quando observa um colega de trabalho fazer uma apresentação ou um amigo preparar o jantar, em geral, nos envolvemos em uma comparação constante. "Ah, eu não teria apresentado aquele gráfico como um gráfico de barras cor-de-rosa", ou "Assim o fettuccine Alfredo fica com sal demais... que será que ele está pensando". Muitas vezes suas decisões "e se" são compatíveis com as decisões da vida da pessoa. Mas quando seus atos não combinam com aquele que você mesmo esperava tomar, a incompatibilidade levará à ativação dos neurônios de seu lobo frontal (especificamente na região chamada de córtex pré-frontal dorsolateral).[20] Os neurônios está dizendo: "Ei, tem alguma coisa inesperada aqui e precisamos todos ficar atentos." Esse sinal chama uma atenção a mais ao que está acontecendo: alguém tomou uma decisão diferente da que você teria tomado e esta é uma oportunidade de observar se a decisão do outro foi boa.

Teoria da mente

Como vimos, nosso cérebro é configurado para aprender habitualmente com os outros. Imitamos desde o dia em que nascemos, reavaliamos automaticamente os objetos com base nas escolhas dos outros, nossas lembranças mudam para se alinhar com as dos outros e nossos neurônios codificam para contratempos e triunfos de todos a nossa volta. Existe um truque a mais que o cérebro usa para este fim; é conhecido como a teoria da mente.[21]

Escrevo essas palavras em 14 de fevereiro, também conhecido como o Dia dos Namorados nos Estados Unidos e no Reino Unido. Você pode adotar a visão cética de que "o dia foi inventado por fabricantes de chocolate para ganhar uma grana a mais", ou a concepção romântica de que "é uma oportunidade de lembrar à pessoa que me tolera todo dia o quanto eu a amo". A verdade é que se você está em alguma relação, provavelmente sabe que não importa o que você pense do Dia dos Namorados. O que importa é o que pensa o seu parceiro. Sim, você pode perguntar diretamente, mas é provável que ele vá querer que você deduza isso sozinho. Assim, o que de fato determina se seu Dia dos Namorados será feliz é o que você pensa que o outro pensa da tradição. Sua tarefa, então, é se colocar no lugar do parceiro para descobrir suas expectativas. Em essência, isso é "teoria da mente" – nossa capacidade de pensar no que os outros estão pensando. Parece que somos a única espécie na Terra que pode fazer isso; constantemente pensamos no que nosso cliente, paciente, empregado, chefe, amante estão pensando e adaptamos nosso comportamento de acordo com isso. Enquanto escrevo estas palavras, por exemplo, estou pensando no que você está pensando quando estiver lendo e, assim, posso usar vocábulos que farão mais sentido para você.

Imagine que você esteja em um coquetel e o garçom se aproxima para lhe oferecer um canapé de camarão. Você já está satisfeito e, assim, declina educadamente. Sua parceira de conversa, Lucy, que observa o diálogo, automaticamente adotará a "teoria da mente" para tentar entender por que você recusou o canapé. Embora ela esteja tentando descobrir seus motivos, automaticamente usará seu próprio estado para fazer inferências a respeito do seu. Essa estratégia instintiva pode funcionar muito bem, mas também pode levar à conclusão errada. Como tem o estômago vazio, é menos provável que Lucy chegue ao verdadeiro motivo para sua rejeição do *amuse-bouche* cor-de-rosa e é mais provável que pressuponha que você acredite que o camarão esteja ruim ou que você acha falta de educação conversar de boca cheia. Quando o garçom se vira para Lucy, ela também declina com educação.

Embora a tendência a se envolver na teoria da mente seja útil – ela nos ajuda a nos relacionar com o outro e prever o que as pessoas farão –, a mente humana não é uma máquina perfeita de inferências e inevitavelmente, às vezes, chegaremos a conclusões equivocadas. As consequências podem ser maiores do que apenas dispensar um *hors d'oeuvre*. Pense nas bolhas econômicas como aquela que provocou o colapso do mercado em 2008. As bolhas financeiras acontecem quando as pessoas negociam altos volumes a preços que não são realistas. Existem muitos motivos para que as bolhas sejam geradas, mas parece que não teríamos bolhas de mercado se não fosse pela teoria da mente. Imagine que você é um corretor jogando no mercado. Está sentado diante de seu computador, vendo as linhas de tendência enlouquecidas, subindo e descendo. Você precisa decidir quando dançar e quando se retirar. De súbito os números aumentam excessivamente, como um suflê em um forno quente. "O que está acontecendo?", você pensa. "Por que todo mundo está comprando? O que eles sabem que eu não sei?"

Os neurocientistas Benedetto De Martino, Colin Camerer e seus colegas do Instituto de Tecnologia da Califórnia mostraram que os corretores de ações mais suscetíveis às bolhas, aqueles que mais provavelmente comprarão a preços inflados, são também aqueles que se saem melhor em tarefas de teoria da mente, como adivinhar o estado íntimo das pessoas simplesmente olhando em seus olhos.[22] Em outras palavras, as decisões econômicas que criam as bolhas são tomadas mais provavelmente por pessoas que dão ao parceiro o presente que ele realmente quer de Dia dos Namorados. Por quê? Uma decisão de pegar carona na bolha acontece quando um corretor acredita que outra pessoa tem informações positivas sobre o mercado. O corretor pensa no que o outro está pensando e este processo o leva à conclusão de que deve haver um motivo legítimo para a alta. Assim, ele decide comprar a um preço inflado.

* * *

Existem duas lições que podemos extrair de tudo isso. Primeira, precisamos ter cuidado quando usamos as escolhas e os atos dos outros para guiar os nossos. Muitas vezes, a influência começa fora de nossa percepção e só o que podemos esperar é ficar mais conscientes – mais conscientes de que isso está acontecendo, mais conscientes de que nossas inferências talvez estejam erradas e mais cuidadosos para não trocar insensatamente nossos gostos singulares pelos dos outros. Nos casos em que estamos avaliando conscientemente as opiniões dos outros, como quando vemos classificações no Yelp ou Travelocity, precisamos saber que essas classificações talvez não sejam tão precisas quanto aparentam. No próximo capítulo, considerarei como podemos usar as opiniões dos outros de forma mais inteligente.

Segunda, se existe algo que devemos aprender com Mason, Livia, Harold e os pinguins-adélia, é que um indivíduo pode fazer a diferença. Na verdade, ao descrever a experiência realizada por mim, Micah e Yadin, deixei de mencionar um detalhe importante. Os voluntários de nosso estudo descartaram suas crenças corretas e adotaram as falsas de outras pessoas desde que todos no grupo, por unanimidade, apoiassem a resposta errada. Entretanto, se alguém dava a resposta certa, os voluntários se prendiam a suas crenças originais. Em outras palavras, mesmo *uma* voz divergente e agregadora pode levar os outros a agir de forma independente. Você é influenciado pelos outros, mas não se deixe enganar – os outros também são influenciados por você. Por isso seus atos e decisões importam não só para sua própria vida, mas para o comportamento daqueles que o cercam.

CAPÍTULO 8

O "UNÂNIME" É TÃO TRANQUILIZADOR QUANTO PARECE?
(OS OUTROS, PARTE II)

Como encontrar respostas nas massas insensatas

"Unânime" tem um tom tranquilizador, não acha? Se o júri toma uma decisão "unânime", pressupõe-se que foi um caso simples. E se a "unanimidade" não é uma opção, consideraremos a "maioria" em detrimento da "minoria" sempre. Uma solução preferida pela "maioria" de imediato parece melhor do que outra escolhida pela "minoria". Você marcaria consulta com um médico preferido pela maioria, ou com outro preferido pela minoria? Exatamente.

Marlon James, celebrado escritor nascido na Jamaica, está acostumado a ter seu trabalho julgado por unanimidade por um grupo. Em 2015, recebeu o prestigioso Man Booker Prize depois de uma votação unânime. O comitê do prêmio considerou uma obra extraordinária seu romance *Breve história de sete assassinatos*. Com esse prêmio, ele se uniu a escritores como Salman Rushdie, Ian McEwan, Iris Murdoch e Kingsley Amis.

Uma década antes, quando James apresentou para consideração seu romance de estreia, *John Crow's Devil*, editores de todo o planeta também entraram em completo acordo. Foram unânimes em sua avaliação. Mas houve uma diferença – na época todos concordaram que o trabalho de James não era digno de ser publicado. Seus originais foram rejeitados não menos do que 78 vezes. Em vista do sucesso posterior dos livros de James, é seguro dizer que aqueles editores estavam errados.

James se lembrou de chegar ao cúmulo de destruir *John Crow's Devil* depois das zilhões de rejeições. A opinião de tantos profissionais calou fundo nele. "Fui inclusive ao computador de meus amigos e o apaguei", diz ele.[1] Felizmente, ele mudou de ideia e resgatou os originais deletados do esquecimento do ciberespaço, fazendo uma busca nos arquivos de seu e-mail algum tempo depois. Seu romance encontrou uma editora com a proposta da sorte de número 79.

A história de James não é de maneira nenhuma uma raridade. *Harry Potter e a Pedra Filosofal* foi rejeitado por doze editores de diferentes casas editoriais até que por fim, um ano depois de ter sido submetido para avaliação pela primeira vez, o editor Barry Cunningham, da Bloomsbury Publishing, ofereceu um adiantamento de 1.500 libras a J.K. Rowling pelos originais.[2]

A diferença entre Cunningham e os outros é que ele, ao tomar sua decisão, recebeu o conselho valioso de uma única leitora ávida: Alice Newton. Alice tinha 8 anos na época e era filha do presidente do conselho da Bloomsbury, Nigel Newton. O sr. Newton deu para Alice ler o primeiro capítulo dos originais de Potter. Ela foi imediatamente atraída pela trama, devorando as páginas e pedindo mais. Ele se lembrou de ela sair de seu quarto uma hora depois, radiante, dizendo: "Pai, isso é muito melhor do que qualquer outra coisa."[3]

Com isso, Alice selou o futuro de J.K. Rowling e notoriamente a transformou de uma mãe solteira que lutava para sobreviver em uma bilionária que passou a dividir suas histórias com milhões de crianças agradecidas em todo o mundo.

Quando decidiu publicar *Harry Potter*, Cunningham provavelmente sabia que muitos editores já haviam rejeitado os originais. Entretanto, ele levou em conta a opinião de uma garotinha contra a de uma dúzia de editores experientes. Por acaso, ele tomou a decisão certa. Os outros editores ficaram para trás.

O verdadeiro motivo para a sabedoria das multidões

Cunningham conseguiu desconsiderar a concepção dominante – isto é, de que ao seguir ou tirar por média a opinião de muitos, você tomará decisões melhores. Essa ideia remonta notoriamente a Plymouth, na Inglaterra, em 1907. Em um típico dia de chuva, multidões foram atraídas de todo o país à Exposição Pecuária, onde haveria uma competição para saber quem podia adivinhar o peso de um boi gorducho. Oitocentas pessoas participaram, escrevendo suas estimativas em tiras de papel. O boi então foi abatido e pesado. Mas eis que quando os cartões foram compilados, a adivinhação média era de 547 quilos – apenas 1% a menos que o peso real do boi. O polímata vitoriano Francis Galton publicou essas descobertas no periódico de prestígio *Nature*, concluindo que a sabedoria das massas é maior do que se pensava originalmente.[4] Seu artigo mudou a forma como tomamos decisões.

Um século depois, a visão amplamente aceita é de que, seja na escolha de uma estratégia de negócios ou do cardápio de um jantar, quanto mais cérebros contribuem para uma decisão, melhor. A ideia de que as massas são sábias foi popularizada nos últimos anos pelo famoso livro de James Surowiecki *A sabedoria das multidões*.[5] Se você ler atentamente o livro de Surowiecki, porém, notará que, sob a superfície do título, ele acautela os leitores de que o grupo é mais sábio do que o indivíduo *apenas* em condições muito específicas. Ainda assim, seus leitores, a média, e a maior parte do mundo ficaram com a crença de que, como questão de princípios, dois cérebros são melhores do que um e mil cérebros são ainda melhores.

Mas a verdade é que não é assim tão simples. O grupo pode ser sábio, mas com frequência pode ser tolo. Assim, por que a multidão de Plymouth conseguiu estimar o peso do boi melhor do que um indivíduo típico? Como estamos para descobrir, a resposta tem muito pouco a ver com a "sabedoria".

Termômetros humanos

Outro dia, enquanto trabalhava, recebi um telefonema da babá de meus filhos, Lizbeth. Lizbeth me informou que minha filha, Livia, não se sentia bem e determinou que a menina tinha febre. Lizbeth, sendo a cuidadora responsável que é, mediu a temperatura de minha filha não apenas uma vez, mas duas, usando dois termômetros diferentes. O primeiro dizia 38,22 graus e o segundo, 38 graus. Lizbeth concluiu que a temperatura real era de aproximadamente 38,10 graus.

Por que Lizbeth se deu ao trabalho de fazer a leitura duas vezes, usando dois dispositivos? Ela reconheceu corretamente que cada termômetro pode distorcer a leitura para um lado ou outro. Nenhum dispositivo é perfeito – alguns têm pequenas falhas de projeto; outros são antigos e foram utilizados em excesso. É improvável, porém, que instrumentos separados de diferentes fabricantes tenham exatamente o mesmo defeito e produzam as mesmas imprecisões. Se você fizer a média das medidas, os erros podem se anular, proporcionando uma leitura melhor. Se eu tivesse cinquenta termômetros pela casa, provavelmente Lizbeth teria obtido uma leitura ainda mais precisa.

Imagine a multidão de Plymouth como termômetros ambulantes e falantes. Cada pessoa fez uma "leitura" do peso do boi, cada uma delas cometendo um erro único devido a seu ponto de vista distinto, à experiência passada, à acuidade visual e assim por diante. Alguns, como Charlie e Rosa, superestimaram um pouco o peso do boi, enquanto outros, como Julianne e Salma, subestimaram-no um pouco. As estimativas das pessoas a respeito do peso do boi são imprecisas. Mas o fundamental é que elas se distribuem naturalmente pelo peso real do boi – elas *cercam* a verdade. Quando isto acontece, os erros dos dois lados da verdade se anulam e, assim, a conjectura média de um grupo de termômetros humanos está próxima do número real.

VERDADE

Salma　　Julianne　　**=**　　Charlie　　Rosa

SIGNIFICADO

PESO

Figura 8.1 – *Quando as pessoas adivinharam o peso do boi, estimando a verdade, a conjectura média foi na mosca.*

Isso não é magia; não é sabedoria. É matemática. O problema, porém, é que tal princípio funciona apenas em circunstâncias específicas. A primeira condição a ser cumprida é a independência – as opiniões das pessoas na massa precisam ser independentes entre si. Mas será que elas são?

Independência em um mundo em interação

Toda manhã, quando Robert, um editor sênior de uma importante casa editorial, chega a seu escritório, é recebido por uma grande pilha de originais de escritores esperançosos. Seu trabalho é classificar a pilha na mesa e separar do resto os potenciais Hemingways. É um trabalho espinhoso. Inevitavelmente, às vezes, Robert defende com entusiasmo ter descoberto um ovo de ouro, só para descobrir depois da publicação que ninguém está interessado em seus omeletes dourados. Em outras ocasiões, ele poderá dispensar originais que acabarão sendo um best-seller internacional. Robert, como todos os outros nas editoras, está intimamente familiarizado com as várias rejeições de J.K. Rowling e isso paira acima dele como um alerta nefasto.

Robert não toma suas decisões sozinho; tem uma equipe de sete colegas que contribuem com suas opiniões. Naquela manhã, ele encontra o possível vencedor: uma proposta intrigante de não ficção sobre o comportamento humano. Ele quer apostar na proposta e precisa decidir quanto vai propor como adiantamento. A quantia específica é fundamental. Ele precisa pensar em um número que o fará ganhar a aposta, caso outras editoras façam propostas, entretanto ainda permita que o livro dê lucro.

Ele manda a proposta do livro por e-mail a sua equipe e marca uma reunião para discutirem o assunto. Quer saber o que todos pensam – Jill, a editora júnior, Sammy, encarregado do marketing, Tamron, diretor financeiro e os demais. Normalmente, ele entra em uma reunião, apresenta brevemente a proposta, explica por que acredita que o livro tem potencial e pede as opiniões de todos. Entretanto, algo que ele leu nessa proposta específica o fez mudar de ideia. Ao contrário de qualquer outro dia, hoje ele entra na sala tomada por sua equipe e fala: "Quero que cada um de vocês pegue uma folha de papel e escreva a quantia que ofereceria por esses originais." Os integrantes da equipe obedecem, escrevendo as respostas em seus blocos. Só então Robert pede a cada integrante para contar a todos os outros que número deu e justificar sua avaliação.

Robert está ciente de que sua equipe de termômetros só será "sábia" se as avaliações feitas por cada um deles for independente. Se Robert percorresse a sala, deixando que cada integrante verbalizasse sua opinião, um de cada vez – uma estratégia muito comum –, os membros da equipe saberiam o que os outros pensavam e essa informação criaria um viés em sua capacidade crítica. Se o primeiro integrante da equipe de Robert se levantasse e endossasse firmemente o livro, aumentaria a probabilidade de que os outros fizessem o mesmo, ainda que antes não estivessem nada convencidos. Isso não seria problema se a primeira pessoa a dar a resposta por acaso estivesse certa, mas a estratégia poderia ser problemática se acontecesse o contrário. Imagine a pequena Alice Newton sentada em uma grande sala de reuniões ouvindo editores ambiciosos verbalizarem suas objeções aos originais de Rowling. Há um claro consenso: rejeite *Potter*! Com que probabilidade a pequena Alice dirá algo diferente? Qual é a chance de que ela vá defender Harry? Qual é a probabilidade de que ela ainda vá confiar em seus próprios instintos? Muito baixa. Mesmo que Alice seja uma adulta em iguais termos com os outros, a pesquisa que meus colegas e eu realizamos mostra que apenas cerca de 30% dos indivíduos verbalizam uma opinião diferente quando diante do consenso aparente.[6]

Porém, é quase impossível criar a verdadeira independência. Se antes da reunião de equipe Jill, Sammy e Tamron estavam conversando na copa enquanto tomavam café e comiam donuts, discutindo a proposta, o erro de Jill na previsão do lucro do livro não será mais independente do erro de Sammy e Tamron. Isto porque se Sammy disser acreditar que o livro será um sucesso, Tamron, que inicialmente subestimou as vendas do livro, mudará sua crença, adotando a do carismático Sammy. Os erros deles não se anularão mais; eles não vão mais estimar a verdade.

Se você pretende usar a magia das massas, precisa se perguntar até que ponto são independentes as crenças das pessoas de sua equipe ou rede social. Se os indivíduos em seu grupo têm a oportunidade de interagir antes de expressar uma opinião, sua independência foi abolida.

Pense no Facebook. Digamos que é noite de sexta-feira e você pretende ir ao cinema, mas não sabe bem a que vai assistir. Você pede os conselhos dos amigos no Facebook. Dez pessoas comentam e sete delas sugerem *A teoria de tudo*. Será que sete pessoas gostam tanto de *A teoria de tudo* que o filme de imediato veio à mente quando elas comentaram seu post? Talvez. Existe outra possibilidade: um amigo recomendou o filme em seu mural e os outros, então, foram influenciados neste sentido. Depois que um ou dois amigos recomendaram o filme, outros amigos que não gostaram tanto assim reprimem sua expressão, ou até evitam recomendar um filme diferente para não ofender os outros, nem passar a impressão de ovelhas negras.

Ao contrário dos termômetros, somos criaturas sociais e nossa configuração padrão é interagir. Como a sociedade e as pessoas estão tão fortemente entrelaçadas, em geral é impossível evocar opiniões independentes dos indivíduos. Porém, podemos tomar certas medidas para reduzir esta interdependência. Imagine que você precisa tomar uma decisão de contratação e pede a quatro de seus colegas para entrevistar um candidato. O que você deveria fazer é pedir a todos que enviassem a você as avaliações *antes* de discuti-las entre eles, para aumentar a independência. Se você não fizer isso, seguir muitas opiniões não o tornará necessariamente mais sensato. Porém, deixará você mais confiante. Isto porque a autoconfiança se intensifica quando as pessoas tomam decisões interdependentes.[7] Elas pensam, "Olha, todos concordamos que este livro será um grande sucesso, então devemos ter razão". Talvez tenham, ou talvez estejam concordando graças à influência social.

A sabedoria das multidões por dentro

Em um universo paralelo ao nosso, caiu uma terrível tempestade em Plymouth no exato dia de 1907 da Exposição Pecuária. À verdadeira moda britânica, o comitê da exposição decidiu seguir em frente com a feira, apesar de tudo. Eles *manteriam a calma e continuariam*! Uma tenda foi erguida para proteger os animais da chuva e do vento e foi preparada uma sopa quente de batata, a ser oferecida gratuitamente aos visitantes. Infelizmente, apesar destes esforços extraordinários, só um fazendeiro, Jacob Wiseman, enfrentou a tempestade para comparecer à exposição. Não importa, disseram os organizadores, deixaremos que o corajoso fazendeiro adivinhe sozinho o peso do boi gordo. Sem a sabedoria das multidões em que se apoiar, será que o fazendeiro Wiseman conseguiria?

Para resolver esse problema, vou lhe pedir para imaginar o sr. Wiseman, o corajoso fazendeiro, como um termômetro digital, do tipo que você encosta na testa de uma criança para obter uma leitura. E quero que você se imagine como a babá dedicada de minha filha, Lizbeth. Sua tarefa é medir com precisão a temperatura de minha filha usando o sr. Wiseman. O que você deve fazer?

Bom, o que você deve fazer é pegar o sr. Wiseman, encostá-lo na testa de minha filha e ler o resultado. Depois deve fazer a mesma coisa repetidas vezes, tirando a média de seus registros para ter a melhor medição. Isto porque o sr. Wiseman dará leituras com ruído. Por "ruído", não me refiro a uma cacofonia acústica. O que quero dizer é que cada leitura refletirá a verdadeira temperatura somada a fatores irrelevantes. Por exemplo, talvez minha filha tenha bebido uma xícara de leite quente imediatamente antes da primeira vez que você tira sua temperatura – fazendo o número subir. Talvez você não tenha usado direito o termômetro na segunda tentativa, o que fez o número cair. Em cada leitura, os fatores podem distorcer os resultados para um lado ou outro, gerando erros. A média das leituras múltiplas de um só dispositivo lhe dará, no todo, uma estimativa melhor do que apenas uma leitura.

As regras e estatísticas simples que tornam o grupo "sábio" nas circunstâncias certas também são válidas para uma só mente. O sr. Wiseman precisa evocar "a multidão sábia dentro de sua mente" para adivinhar o peso do boi gordo. Não estou implicando com isso que o sr. Wiseman tem personalidades múltiplas. Mas ele tem memórias múltiplas, perspectivas múltiplas e crenças múltiplas. Existe uma massa animada de fazendeiros ansiosos dentro dele e se ele se fizer a mesma pergunta repetidas vezes, talvez consiga recorrer a ela.

A ideia de que podemos usar a multidão "sábia" dentro de uma só mente foi sugerida pelos psicólogos Ed Vul e Harold Pashler.[8] Ed e Harold criaram uma experiência on-line em que 428 pessoas foram solicitadas a acompanhar um jogo de perguntas (anotando suas próprias conjecturas em uma folha de papel):

1. A área dos Estados Unidos representa que porcentagem da área do oceano Pacífico?
2. Que porcentagem da população mundial vive ou na China, ou na Índia, ou na União Europeia?
3. Que porcentagem dos aeroportos do mundo fica nos Estados Unidos?
4. Que porcentagem das estradas do mundo fica na Índia?
5. Que porcentagem dos países do mundo tem uma taxa de fertilidade mais alta do que os Estados Unidos?
6. Que porcentagem das linhas telefônicas do mundo fica na China, nos Estados Unidos ou na União Europeia?
7. A Arábia Saudita consome que porcentagem do petróleo que ela produz?
8. Que porcentagem dos países do mundo tem uma expectativa de vida mais alta do que a dos Estados Unidos?

Alguns minutos ou três semanas depois, os mesmos participantes receberam exatamente as mesmas perguntas. Se você quiser experimentar, pegue uma folha de papel em branco e responda às perguntas pela segunda vez. Depois disso, pegue a primeira conjectura e a segunda e calcule sua média combinada na resposta a cada pergunta. Ed e Harold descobriram que, em média, o erro combinado médio das pessoas era menor do que o primeiro ou o segundo erro isoladamente.* Além disso, se as pessoas esperavam

---

* Dou as respostas às perguntas no apêndice no final deste capítulo, assim como instruções sobre como calcular o erro médio "combinado", para que você possa experimentar. Sua conjectura combinada nem sempre será a melhor; às vezes sua primeira conjectura estará mais próxima da verdade do que a conjectura combinada, às vezes a

três semanas e só então respondiam às perguntas de novo, o efeito era ainda mais acentuado.

Isso quer dizer que se Robert, o editor, quiser minimizar seus erros ao prever o sucesso de um livro ao longo de sua carreira, o melhor conselho que ele pode ter é anotar sua oferta, deixar passar a noite, depois anotar outro número um dia ou até uma semana depois. A média das duas ofertas é aquela que ele deve usar como lance. É claro que em geral é impossível esperar algumas semanas ou mesmo 24 horas antes de tomar uma decisão. Robert pode precisar fazer um lance rápido. Nesses casos, ele ainda pode se beneficiar de fazer duas previsões em um intervalo menor e depois combinar as duas.

Por que isso funciona? A resposta, mais uma vez, tem como base a simples estatística. O motivo para que você deva fazer a si próprio a mesma pergunta algumas vezes (de preferência com um intervalo de alguns dias) e depois tirar a média das respostas é que você nunca usa todas as informações disponíveis quando toma uma decisão. Pense da seguinte maneira: Robert tem muito conhecimento sobre o mundo editorial. Está familiarizado com histórias de sucessos e fracassos; pode se lembrar das boas decisões que tomou no passado, assim como das más; entende por que várias de suas expectativas passadas não se materializaram e por que outras o conseguiram; está ciente de seu público, das tendências e da concorrência. Ele fará uso deste conhecimento para tomar uma decisão.

Porém – e este é um *porém* muito importante –, ele jamais se recordará, nem recorrerá a todas as informações armazenadas no cérebro. Parte do conhecimento será recuperada e uma parte, não. O processo é parcialmente aleatório, mas também pode ser influenciado pelo que Robert por acaso viveu naquele dia. Isso significa que a primeira vez que Robert considera um problema,

---

sua segunda chegará mais perto do alvo. Todavia, em média, seus erros serão menores quando você combinar suas conjecturas.

alguns fatos virão à mente e serão integrados em sua decisão. Na segunda vez que ele considerar um problema, alguns dos mesmos fatos serão usados, outros não e, o que é importante, alguns fatos *novos* serão úteis. Assim, sua segunda estimativa será um tanto diferente da primeira – ele suscitará uma amostra de informações diferente. Se ele combinar as previsões, tomará uma decisão baseada em mais informações que ele já tem.

Ed e Harold descobriram que se você se fizer as perguntas anteriores pela segunda vez, sua resposta combinada vai melhorar, em média, 6,5% em relação à primeira conjectura. Se você esperar três semanas, provavelmente se saíra 16,5% melhor. Esta é uma melhoria enorme. A espera de três semanas implica que sua mente está renovada, é menos provável que você se lembre do que pensou algumas semanas antes e é mais provável que dê com motivos diferentes para suas novas conjecturas.* Embora suas estimativas jamais venham a ser verdadeiramente independentes, as decisões tomadas com três semanas de intervalo são mais independentes do que aquelas tomadas com uma diferença de alguns minutos. Assim, será que Robert deve demitir sua equipe e votar sozinho repetidas vezes para tomar uma decisão? Ora essa, não. Pelo menos para o tipo de perguntas que Ed e Harold fizeram, a média de duas opiniões dadas pela mesma pessoa foi apenas um terço tão boa quanto a média de duas opiniões dadas por duas pessoas independentes.

Um viés em bola de neve

Sensatamente, Robert decide manter a equipe na folha de pagamento e consultá-la quando tomar uma decisão. Mas depois de reunidas as opiniões independentes, como ele deve combiná-las para chegar a uma decisão? Ao contrário do clássico exemplo do

---

* Os autores garantiram que os participantes não olhassem as respostas neste intervalo de tempo.

boi gordo, a simples contagem dos votos e a determinação da média da opinião de todos nem sempre serão a solução ideal.[9] Já testemunhamos isso nos casos de *Harry Potter* e Marlon James. O problema não é só que a estimativa das pessoas pode ser interdependente, mas também que pode ser sistematicamente tendenciosa.

Por exemplo, se o boi gordo está ao lado de um boi magro, a maioria das pessoas vai superestimar o quanto o boi gordo é de fato gordo. Isso porque nosso cérebro percebe tudo de forma relativa; ao lado de um boi magro, o boi gordo parece ainda mais gordo. Neste caso, os erros das pessoas não serão distribuídos em torno do peso real do boi, mas, em vez disso, serão levados a uma direção. Assim, em circunstâncias em que há bons motivos para acreditar que as pessoas são tendenciosas, sistematicamente erradas ou interdependentes, devemos ter cautela com a chamada sabedoria das multidões.*

Os exemplos em que a maioria tende a errar para o mesmo lado são intermináveis. Incluem erros na previsão do futuro: as pessoas tendem a ser francamente otimistas – por exemplo, subestimando quanto tempo levarão para completar projetos e quanto custarão.[10] Também se estendem a questões banais – por exemplo, quando indagada sobre a capital do Brasil, a maioria dos não brasileiros vai pressupor que é o Rio de Janeiro, quando na verdade é Brasília. E esses erros também envolvem ilusões perceptivas.O cérebro humano produz muitos vieses sistemáticos. Como o cérebro da maioria das pessoas é equipado de forma semelhante, tendemos a errar nos mesmos lugares. É evidente que nesses casos as opiniões médias ou a contagem de votos não nos levarão a lugar nenhum.

---

* Nesses casos, também não vai funcionar o princípio das "multidões sábias por dentro" – isto é, considerar várias conjecturas de apenas uma fonte.

Figura 8.2 – *Quando um boi gordo está ao lado de um boi magro, ele parece ainda maior. Esta percepção tendenciosa é partilhada por todos, tornando a conjectura média das massas maior do que o peso verdadeiro do boi.*

Na realidade, existe um perigo de que em um grupo os vieses se expandam, ganhando proporções imensas como uma bola de neve. Vamos dar uma olhada em um exemplo intrigante de como isto pode acontecer.

Os dados a seguir relacionam o traço de personalidade "atenção" de 15 diretores executivos e financeiros com o lucro anual da empresa em milhões de dólares. A "atenção" foi medida usando a Escala Internacional Draper de Atenção (EIDA); a pontuação vai de –20 a 20.

Pontos EIDA DO CEO	Lucro anual (em milhões de dólares)
4	6
5	15
-6	26
7	39
3	-1
12	134
15	215
22	474
8	54
6	26
-8	54
12	134
18	314
-3	-1
-10	90

Peço a você que use os dados anteriores para prever o lucro anual de outras cinco empresas cujos diretores executivos tiveram a seguinte pontuação EIDA: 10, 0, 19, –17, –1.

Se você é como a maioria das pessoas, seus números indicarão seu pressuposto de que a relação entre a pontuação EIDA de um CEO e o lucro anual da empresa é mais positivamente linear do que na realidade. Quando a espécie humana infere a relação entre duas variáveis – seja a relação entre o tamanho de um tomate e seu teor de açúcar ou entre a temperatura do escritório e o número de interações dos colegas – ela é tendenciosa. Ela vê relações lineares positivas mesmo quando não existe nenhuma.[11] Isso significa que é provável concluirmos que à medida que aumenta uma variável (digamos, o tamanho de um tomate), a outra aumentará na mesma proporção (a doçura do tomate).

Tudo bem: tendemos a ver relações positivas mesmo quando elas não existem. Mas aqui está a parte interessante: imagine que você é um consultor de RH e aconselha empresas sobre quem devem contratar para o cargo de CEO. Você usa a pontuação de "atenção" de CEOs para prever o lucro anual esperado sob a liderança de cada candidato e entrega suas previsões tendenciosas ao chefe. Seu chefe vê suas previsões e sua mente conclui que se um CEO tem uma alta "atenção", é provável que sua empresa atinja um lucro mais elevado. Ele usa esta nova regra para fazer previsões a respeito de outras empresas, que ele manda a um grupo de analistas. Mesmo que não exista relação nenhuma entre lucro da empresa e a pontuação EIDA do CEO, a essa altura os dados e o conhecimento foram transferidos entre quatro pessoas ou mais e os vieses inerentes superaram a evidência verdadeira.[12]

A propósito: se está se perguntando o que deixa alguém com alta pontuação na "atenção", não faço ideia – eu inventei este traço de personalidade e a EIDA não existe.

Esse tipo de experimento foi realizado no laboratório.[13] Claramente mostra que mesmo que duas variáveis sejam negativamente relacionadas (isso significa que à medida que aumenta uma variável, a outra diminui), ou se elas se relacionam de uma forma não linear (isso quer dizer que à medida que aumenta uma variável, a outra não aumenta nem diminui na mesma proporção), depois de um número suficiente de pessoas transmitir a relação a terceiros, é pressuposta uma relação positiva. Assim você pode ver que até os vieses sutis da mente podem virar uma bola de neve, tornando-se mais fortes e maiores quando as pessoas interagem.

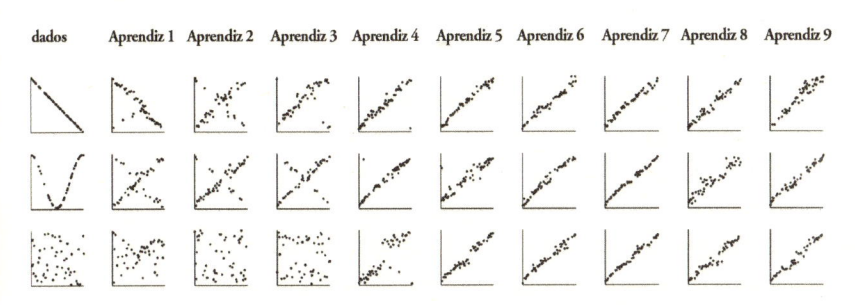

Figura 8.3 – A bola de neve dos vieses. *O painel mais à esquerda em cada fila é dos dados que foram vistos pelo primeiro aprendiz. As colunas seguintes mostram os dados produzidos por uma geração sucessiva de aprendizes, cada uma delas treinada com os dados do aprendiz anterior. Cada fila representa uma única sequência de nove aprendizes. Os padrões revelam que os aprendizes são tendenciosos para perceber relações lineares positivas, independentemente dos dados iniciais.*[14]

O produto de dois fenômenos que integram o cérebro humano pode resultar em multidões não muito sábias. O primeiro fenômeno é a tendência bem documentada de nosso cérebro produzir vieses inconscientes. De vieses cognitivos a erros na tomada de decisão e nas previsões, o cérebro humano evoluiu para a grandeza, mas conservou incontáveis vieses.

O segundo é a tendência humana ao aprendizado social. Se, por natureza, procuramos nos outros informações e dicas sobre o que é verdade e, como qualquer ser humano, as pessoas que consultamos trazem vieses herdados, é inevitável que as inverdades às vezes aumentem quando os indivíduos se reúnem, criando bolhas em expansão que um dia vão estourar. Esses vieses de bola de neve não se limitam de forma alguma a grandes grupos, como mercados financeiros ou redes on-line. Crenças falsas também podem se desenvolver e se expandir entre amigos e famílias (falsas lembranças partilhadas por irmãos durante anos), parceiros comerciais (expectativas otimistas exageradas quando dois entusiastas se encontram) e grupos culturais (a ideia de que o *nosso* grupo é intrinsecamente superior).

A heurística da equivalência

A nossa forte dependência da opinião da maioria pode, assim, se traduzir em decisões abaixo do ideal, crenças estranhas e oportunidades perdidas. Existem numerosos exemplos de ideias que antes foram aceitas pela maioria, em determinados lugar e época, mas agora são consideradas falsas – por exemplo, a ideia de que as mulheres não são aptas para a educação de nível superior e a crença de que o mundo é plano.

Entretanto, nossas intuições costumam nos dizer para acompanhar a maioria. Elas operam a partir de uma "heurística", um jeito simples, fácil e tranquilo de tomar decisões – um atalho mental. Embora essa heurística às vezes possa nos ajudar, também pode nos deixar perdidos. Meu colega Bahador Bahrami, que estuda a tomada de decisão coletiva na University College London, chama esta tendência de "viés de equivalência". Ele se refere à ideia de que quando tomamos decisões, costumamos reverter a uma estratégia fácil de pesar igualmente a opinião de todos, sem consideração pelas diferenças na confiabilidade e perícia das pessoas. Isto acontece não só em países em que a democracia tem sido a norma há gerações, como os Estados Unidos e a Dinamarca; Bahador e colegas testaram cidadãos da China e do Iraque e lá, também, descobriram que as pessoas usam uma regra geral quando tomam decisões: acompanham a votação popular.

O problema, em muitos casos, é que as pessoas simplesmente não são iguais em suas habilidades e conhecimentos. Se você precisa tomar uma decisão de saúde, é lógico dar mais peso à opinião de um médico com diploma da Universidade Johns Hopkins do que a de seu tio bem-intencionado. A não ser, é claro, que seu simpático tio também tenha diploma de medicina de uma boa universidade, e neste caso pesar igualmente os dois deve ser a atitude lógica a tomar.

Ainda assim, Bahador descobriu que as pessoas ignoram frequentemente informações que podem ajudar a determinar quem é o especialista no pedaço. Em vez disso, preferem dar igual peso à opinião de todos; simplesmente parece o certo e não exige muito esforço cognitivo. A tendência tem seu preço: ao pesar igualmente a opinião de todos, em vez de considerar a perícia, as pessoas nas experiências de Bahador tomaram muitas decisões erradas.[15]

Tudo isso pode parecer deprimente, em particular quando consideramos a frequência com que somos expostos às opiniões das pessoas na internet, de cuja maioria não sabemos nada – assim, somos incapazes de definir as identidades e separar os especialistas dos demais. Dito isto, seria surpreendente se o acesso que agora temos às opiniões de tantas pessoas se mostrasse completamente inútil. A chave, acredito, é usar este recurso com ponderação, e não às cegas. No palheiro que são as massas, será que existe um jeito de identificar a sabedoria?

A surpreendente votação popular

Reserve um momento para responder às seguintes perguntas:

1. Qual é a capital da Pensilvânia?
2. Se cinco máquinas levam cinco minutos para fazer cinco ferramentas, quanto tempo é necessário para cem máquinas fazerem cem ferramentas?
3. Em um lago, há um grupo de nenúfares. Todo dia, o grupo dobra de tamanho. Se leva 48 dias para que o grupo cubra todo o lago, quanto tempo levaria para ele cobrir metade do lago?

Antes de ler as respostas a seguir, faça mais uma coisa: veja as perguntas novamente, só que agora imagine como *a maioria* das pessoas responderia.

A maioria diria que a Filadélfia é a capital da Pensilvânia, que cem máquinas levam cem minutos para fazer cem ferramentas e que o trecho cobrirá metade do lago em 24 dias. Estas são respostas intuitivas, dadas por aproximadamente 83% da população. Elas estão erradas.

Na realidade, a capital da Pensilvânia é Harrisburg, cem máquinas farão cem ferramentas em cinco minutos (se cinco máquinas levam cinco minutos para fazer cinco ferramentas, então uma máquina pode fazer uma ferramenta em cinco minutos, e assim cem máquinas podem fazer cem ferramentas no mesmo período de tempo) e os nenúfares levariam 47 dias para cobrir metade do lago (no dia 48 o grupo dobra, cobrindo, portanto, o lago inteiro).

Imagine que eu não tivesse revelado as respostas e você ainda estivesse tentando deduzi-las. O que você faria? Como descobriria as respostas certas? É evidente que, nesse caso, depender da votação da maioria não lhe dará a resposta correta. Nas duas últimas perguntas, você talvez queira perguntar a um amigo que é "bom com os números", talvez alguém que trabalhe na área de finanças, ou seja, engenheiro. Isso parece sensato. O problema, porém, é que mesmo eles, que usam a matemática e a estatística para ganhar a vida, costumam dar respostas erradas a essas perguntas. Shane Frederick, professora de Yale que elaborou essas perguntas, pediu a seiscentos profissionais da área financeira para fazer esse teste curto. Apenas 40% tiveram uma pontuação perfeita.[16] Mesmo entre alunos do MIT – um grupo que inclui algumas das mentes de maior habilidade técnica no mundo – metade deu as respostas erradas. Estou certa de que a maioria desses estudantes podia deduzir as respostas corretas se parasse para pensar atentamente nas perguntas. Porém, metade se deixou enganar pela intuição apressada.

John McCoy é um desses alunos do MIT que deu as respostas certas. Entretanto, para fazer isso, ele nem se deu ao trabalho de ler as perguntas. Usou um truque chamado de "votação popular surpreendente", uma técnica que qualquer um pode utilizar para descobrir a verdade com a ajuda das massas. O método foi desenvolvido junto com seu orientador, o economista do comportamento Drazen Prelec.[17] Funciona da seguinte maneira:

Primeiro, John registrou as respostas de todos. Tomemos como exemplo a pergunta da ferramenta. Para esta pergunta, cerca de 80% dos participantes disseram que levaria cem minutos (resposta errada) e 20% disseram cinco minutos (resposta certa). Em vez de acompanhar a votação popular (e errada), ele em seguida registrou o que as pessoas previram que os outros iam dizer. A maioria das pessoas percebeu que a maioria dos indivíduos pensaria que a resposta era de cem minutos para cem máquinas produzirem cem ferramentas. Isto acontece quer eles próprios saibam a resposta correta ou não. Assim, digamos que 96% dos indivíduos previram que a maioria das pessoas pensaria que a resposta é de cem e talvez 4% tenham dito que a maioria pensaria que levaria cinco minutos para cem máquinas produzirem cem ferramentas. Por fim, John procurou a resposta que era *mais popular do que as pessoas esperavam*. Neste caso, era de cinco minutos: 20% dos indivíduos disseram cinco minutos, mas só 4% acreditaram que outros diriam cinco minutos – esta resposta foi *surpreendentemente mais popular do que o previsto*.

John e Drazen mostraram que esta técnica funciona não só para perguntas "capciosas" como as anteriores, mas também para perguntas em que a maioria tem razão, como "Qual é a capital da Carolina do Sul?" Eles descobriram que o método também funciona para um leque de outros problemas, como identificar o melhor movimento no xadrez, dar diagnósticos médicos e críticas de arte e até para prever acontecimentos políticos e econômicos. Todos esses problemas, descobriram John e Drazen, foram melhor resolvidos pelas massas quando havia o emprego da regra da *votação surpreendentemente popular*.

    A técnica pretende revelar o "conhecimento de dentro". Porém, exige que pelo menos uma pessoa saiba a verdade (caso contrário, não haverá voto correto – surpreendentemente popular ou o oposto), mas não exige que as massas sejam especialistas – os novatos servem. Embora você possa procurar estudantes do MIT para ajudá-lo a resolver um problema de matemática, provavelmente não faria um levantamento da opinião deles sobre arte, não é verdade? Bem, quando John empregou *o voto surpreendentemente popular*, descobriu que os alunos do MIT se saíram tão bem quanto donos de galerias na determinação do preço de mercado de uma obra de arte. Em média, os alunos do MIT erraram o alvo, mas o *voto surpreendentemente popular* foi na mosca.

* * *

Quando tomamos amostras, seguimos e suscitamos opiniões, precisamos nos lembrar de parar; precisamos avaliar a probabilidade de que as opiniões das pessoas são interdependentes e tendenciosas e considerar se elas de fato foram pesadas de forma *desigual*. Em certo sentido, as multidões englobam a sabedoria. Mas não é incomum que esta sabedoria esteja de posse de uma minoria – pelo editor de número 79 avaliando os originais de Marlon James, por uma menina de oito anos lendo *Harry Potter*, pelos 17% da população que trabalharam bem em um problema capcioso de matemática. Quer você esteja recolhendo opiniões dentro ou fora da internet e se estiver fazendo isso para tomar uma decisão em sua vida pessoal, uma decisão de compra ou para chegar a um veredito profissional – cuidado. Suas "intuições" podem orientar você para a maioria, mas é bom lembrar que, mesmo em nosso mundo de classificações e críticas, seguir o bando e tirar a média de muitas opiniões pode levar a soluções abaixo do ideal.

Apêndice

Respostas às perguntas de Vul e Pashler:

1. 6,3
2. 44,4
3. 30,3
4. 10,5
5. 58
6. 72,4
7. 18,9
8. 20,3

Instruções

Para cada uma das oito perguntas, pegue sua primeira resposta e subtraia da resposta correta anterior. A diferença é seu erro para cada pergunta. Calcule o quadrado de cada erro (isto eliminará qualquer número negativo) de forma que reflita o erro absoluto e não a direção do erro. Em seguida, tire uma média de todos os seus erros ao quadrado nas oito perguntas (este é o erro ao quadrado médio de suas primeiras respostas). Depois, faça exatamente o mesmo em seu segundo conjunto de perguntas (este é o erro ao quadrado médio para suas segundas respostas). Por fim, pegue a primeira e a segunda respostas para cada uma das oito perguntas e tire a média. Esta é sua resposta média para cada pergunta. Pegue todas as oito respostas médias e calcule seus erros ao quadrado médios, como descrevi anteriormente. Será este número menor do que o erro ao quadrado médio para suas primeiras respostas? Será que também é menor do que o erro ao quadrado médio para suas segundas respostas?

CAPÍTULO 9

O FUTURO DA INFLUÊNCIA?

Sua mente em meu corpo

Assim como nós, os primeiros humanos eram criaturas sociais. Viviam juntos, deslocavam-se juntos e, inevitavelmente, influenciavam-se mutuamente. Ainda precisavam evoluir a linguagem, mas conseguiam comunicar o medo, a empolgação e o amor com expressões faciais, o toque e o som. O perigo de um predador próximo podia ser expresso por um grito súbito, sinalizando para que os outros fugissem. A alegria da interação humana podia ser expressa com risos, sinalizando aos outros que se aproximassem.

E, então, nossos ancestrais começaram a falar. É um mistério quando exatamente isto aconteceu. Ao contrário da linguagem escrita, a linguagem verbal não deixa vestígios físicos. Os especialistas estimam que a linguagem surgiu em algum momento entre 1,75 milhão de anos atrás,[1] época em que nossos ancestrais inventaram ferramentas, e 50 mil anos atrás,[2] época aproximada em que os "humanos modernos" apareceram na Terra. Com a linguagem, expandiu-se imensamente a capacidade de compartilhar opiniões, crenças e desejos. Se as estimativas citadas aqui estiverem corretas, talvez nossos ancestrais tenham debatido se partiriam ou não da África e explorariam o resto do mundo. Talvez também tenham sido convencidos por uma figura parecida com Kennedy para ir além de seu ambiente imediato.

E, então, surgiu a escrita. A linguagem escrita (e não apenas numérica) apareceu cerca de 5.200 anos atrás.[3] Mais uma vez, a capacidade de divulgar o conhecimento atingiu um novo nível. Você não precisava mais interagir diretamente com outro ser humano em dado momento e lugar para partilhar suas ideias. Agora era capaz de afetar aqueles que nunca conheceu – pessoas que existiriam depois de você e aqueles que estavam a quilômetros de distância. Na verdade, a maior fonte de influência nas crenças humanas de *hoje* pode ser uma coletânea de prosa escrita mais de dois mil anos atrás.

À linguagem escrita, seguiu-se a capacidade de imprimir. Esse avanço tecnológico aconteceu por volta do ano 1440 e, como resultado, as opiniões podiam ser transmitidas a uma grande massa de pessoas em todo o planeta.[4] A impressão foi seguida pelo rádio no início do século XX.[5] O rádio introduziu a capacidade de transmitir instantaneamente a fala a quem estivesse distante. Em 1927, o rádio foi seguido pela televisão,[6] mas a TV só ficou disponível para as massas na década de 1950.[7] Esses desenvolvimentos implicavam que imagens e expressões, além de apenas vozes, podiam ser compartilhadas. Embora muitos estivessem na extremidade receptora dessas tecnologias, só uma minoria tinha a oportunidade de transportar *as próprias ideias* a outros.

E então, em 1990, surgiu a internet.[8] A World Wide Web implicou que compartilhar, afetar e influenciar passaram a ser atos livres para todos. As pessoas podiam expressar sua opinião ao mundo usando palavras, imagens e sons.

Nos últimos milhares de anos de tecnologia acelerada e ambientes em rápida transformação, uma entidade não se alterou muito. Esta estrutura era o alvo dessas tecnologias – o cérebro humano. A evolução é mais lenta do que a tecnologia e a organização básica do cérebro não viveu alterações significativas desde o aparecimento da linguagem escrita.[9] É verdade que se procurarmos mais além no passado e nos compararmos com os primeiros humanos, algumas modificações importantes ficam evidentes, em particular em nossos lobos frontais.[10] Porém, ainda comparando com esses primeiros humanos, nosso cérebro é mais parecido do que diferente do deles. Muitos desejos, motivações e medos que deram forma a suas crenças e atos dão forma às nossas atualmente, e permanecem os princípios ideológicos básicos de como a mente de um afeta outras.

Dois cérebros e um fio

Se você produz um som, um movimento ou digita uma palavra, gera sinal que pode ser captado por outros cérebros. Em essência, você está conectando seu cérebro a outro por meio do som, da visão e do tato. Cada palavra que pronuncia foi antes um sinal elétrico em seu cérebro que por fim se transformou em um som, que pôde ser captado por receptores no ouvido de outra pessoa, em seguida convertido em sinais elétricos no cérebro desta pessoa e interpretado como uma palavra, uma frase, uma ideia.[11] Assim, aqui está uma ideia, que estou prestes a transferir a você pela linguagem escrita. Será que podemos conectar nossos cérebros diretamente, sem a necessidade de fazer primeiro uma mudança no ambiente? Será que um sinal elétrico em meu cérebro pode ser convertido em um sinal elétrico no seu, alterando seu comportamento e seus pensamentos sem que eu precise primeiro escrever uma palavra ou produzir um som? Se a resposta for afirmativa, isto sugere que a influência pode se reduzir a uma ativação neuronal em um cérebro alterando a ativação neuronal em outro.

Nos últimos anos, neurocientistas têm mostrado que você pode conectar fisicamente dois cérebros de forma que um cérebro aprenda diretamente com os sinais elétricos gerados pelo outro. Até pouco tempo atrás, isso teria parecido ficção científica – um fio zunindo e transferindo conhecimento de um cérebro para outro –, mas está acontecendo agora em laboratórios respeitáveis de universidades do mundo todo.

Antes de eu lhe falar destes estudos interessantes, preciso esclarecer uma coisa. Estamos pelo menos tão distantes da transmissão direta de ideias abstratas entre dois cérebros como estávamos de fazer pousar um homem na Lua quando John. F. Kennedy fez seu famoso discurso. Porém, alguns cientistas acreditam que estamos na fase do *Sputnik*, dando os primeiros passos neste sentido. Vamos explorar esses primeiros passos na transmissão de sinais diretamente de um cérebro a outro sem a necessidade de falar ou gesticular.

Começarei pela transmissão de sinais simples entre os cérebros de dois camundongos. Os camundongos de laboratório se esforçarão muito para receber recompensas, como água com açúcar ou um pedaço de queijo. Se um camundongo entender como obter essas recompensas, outro camundongo pode aprender por observação. Será que esse conhecimento também pode ser transferido diretamente do cérebro de um camundongo para outro?

Aparentemente, sim. Em um laboratório da Universidade Duke, um camundongo – que chamarei de Einstein – foi treinado para ganhar água segundo uma regra relativamente simples: quando se acendia uma luz verde, Einstein tinha de pressionar a alavanca a sua direita; quando se acendia uma luz vermelha, ele precisava pressionar a alavanca à esquerda. Einstein era um camundongo de primeira e aprendeu rapidamente. Em seguida, um eletrodo foi inserido no cérebro de Einstein para que os sinais elétricos fossem registrados. O eletrodo depois foi conectado ao computador, que então foi conectado ao cérebro de outro camundongo, transmitindo sinais. Chamarei o segundo camundongo de Homer. Homer também precisa pressionar alavancas à esquerda ou à direita no momento certo para receber água, mas ele, ao contrário de Einstein, não consegue enxergar as luzes verde ou vermelha. A única informação disponível para Homer são os sinais elétricos transmitidos diretamente a seu cérebro a partir de Einstein. Homer, então, precisa entender que alavanca pressionar, interpretando esses sinais.

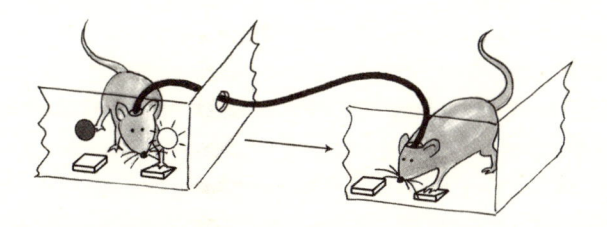

Figura 9.1 – *Einstein, o camundongo, influencia o camundongo Homer enviando diretamente sinais de seu cérebro ao de Homer. O resultado é que Homer aprende com Einstein a resolver um problema para ganhar mais recompensas.*

Homer precisou de algum tempo, mas depois de 48 horas fazendo esse jogo (com muitos intervalos), ele teve um momento eureca: "Ei, a resposta está em minha cabeça!" Em sete entre dez vezes, Homer recebeu a resposta certa e foi recompensado com um bom gole de água fria e refrescante.[12] Como professores que recebem uma bonificação quando seus alunos se saem bem, sempre que Homer recebia a resposta certa, Einstein ganhava a bonificação em água, o que o motivava a enviar um sinal ainda mais claro a Homer. Para enfatizar seus argumentos, os cientistas da Duke mostraram que a transmissão de dados de Einstein a Homer pode ser realizada através de continentes, pela internet. Enquanto Einstein pressionava alavancas na Carolina do Norte, Homer recebia sinais elétricos no Brasil.[13]

Einstein influenciou Homer e o fez sem que Homer sequer tivesse posto os olhos em Einstein, sem que Homer tivesse ouvido um som que fosse da boca de Einstein. O que provocou uma reação foi o estritamente necessário para a comunicação – uma célula se ativando em um cérebro e alterando a ativação de células em outro cérebro. Isto, por sua vez, levou a uma mudança no comportamento.

Conectar humanos fisicamente?

A transmissão direta de sinais do cérebro de um camundongo para outro foi o primeiro passo, mas o objetivo último era permitir a transmissão direta de um ser humano para outro. Acrescentar gente a essa mistura representa problemas, e um dos grandes é a permissão para abrir o crânio de alguém e inserir um eletrodo. Mesmo que você encontre um voluntário, o conselho de ética institucional provavelmente não vai permitir.

No verão de 2014, um neurologista decidiu não esperar por tal aprovação. Embarcou em um avião para Belize e pagou 30 mil dólares a um neurocirurgião chamado Joel Cervantes para abrir seu crânio e inserir o pequeno dispositivo que lhe permitiria realizar a pesquisa em si mesmo. Seu nome era Kennedy – Phil Kennedy.[14]

Quinze anos antes, Phil Kennedy havia feito um procedimento semelhante no cérebro de um paralítico. O procedimento permitiu que o paciente antes travado governasse um cursor de computador só com os pensamentos, e assim se comunicar com o mundo. Por motivos judiciais, práticos e de financiamento, Kennedy não conseguiu realizar o procedimento novamente nos Estados Unidos. Nem pôde encontrar outro paciente como voluntário. Um homem obstinado, Kennedy não estava disposto a desistir de seus objetivos. E assim se viu na mesa de cirurgia em Belize em 2014. Acompanhando a cirurgia por algum tempo, Kennedy pôde registrar a ativação neural de seu próprio cérebro, vivo e pensante. Contudo, sua cirurgia e a recuperação apresentaram complicações e ele precisou remover o dispositivo da cabeça antes de chegar a alguma inovação científica importante.[15]

Como resultado desses problemas práticos e éticos, costumam utilizar métodos não invasivos, em vez dos invasivos, para registrar e transmitir sinais entre cérebros humanos. Uma solução envolve a eletroencefalografia (EEG), uma técnica relativamente simples em que vários eletrodos são usados para registrar sinais elétricos pelo couro cabeludo, em vez de através dele. Estes sinais podem ser inseridos em um computador e transmitidos a outra pessoa ou animal. Por exemplo, na Universidade Harvard, sinais cerebrais foram registrados de um cérebro humano e transmitidos a um cérebro de rato.[16] Este exercício é mais valioso do que parece. Um dos objetivos últimos de uma interface homem-camundongo é desenvolver pequenos "ratos combatentes", cujos movimentos são controlados pelo pensamento humano de forma que eles possam, por exemplo, percorrer territórios inimigos.[17] Com este objetivo em mente (sem trocadilho), o grupo de pesquisadores de Harvard quis mostrar que os pensamentos de uma pessoa podem controlar o movimento do rabo de um rato.

Eles pediram ao voluntário humano para se sentar diante de um computador e exibiram quadrados e círculos na tela enquanto registravam sinais do couro cabeludo do voluntário usando um

EEG. Os sinais desencadeados em seu cérebro quando você olha um círculo são ligeiramente diferentes dos sinais desencadeados quando você olha um quadrado. Estes sinais foram enviados ao computador e depois transmitidos ao cérebro de um rato por ultrassom. O ultrassom desperta a atividade neural em determinada região do cérebro do rato. Sempre que o humano via um círculo, este sinal ativava neurônios no cérebro do rato que faziam seu rabo se levantar, e sempre que o humano via um quadrado, o sinal ativava outros neurônios que faziam o rabo se abaixar. Não há nada de especial em círculos e quadrados; você pode usar imagens de unicórnios e hambúrgueres, se preferir. Na verdade, talvez seja suficiente apenas pensar em unicórnios e hambúrgueres.

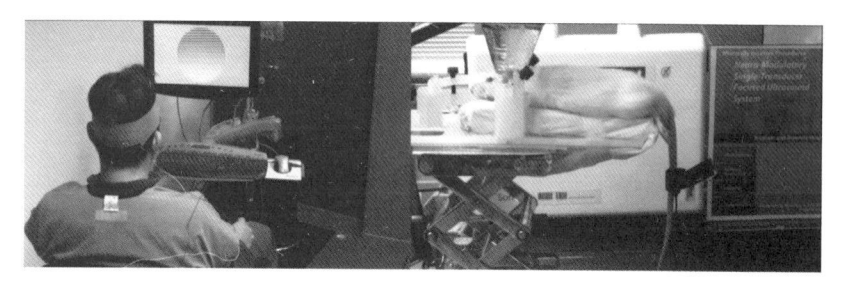

Figura 9.2 – *Cérebro humano movendo o rabo de um rato.*[18]

A técnica é semelhante, em princípio, ao que se conhece como ICC (interface cérebro-computador). A ICC é um método que tem ajudado pacientes que perderam o uso de um braço ou perna, por exemplo. Pense em Jan Scheuermann. Em 1996, Jan recebeu o diagnóstico de ataxia espinocerebelar, um distúrbio genético neurodegenerativo, e logo depois perdeu a capacidade de mexer qualquer um dos membros. Incapaz de andar, alimentar-se ou se vestir, Jan ficou à mercê de quem cuidava dela.[19] Em 2012, seu médico sugeriu uma solução radical que parecia bizarra demais para ser verdadeira: a introdução de um membro robótico que ela controlaria só pelo pensamento.

Era meio futurista, mas Jan resolveu tentar. O procedimento exigiu uma cirurgia, durante a qual foram implantadas em seu cérebro duas grades de eletrodos de 6 milímetros. Os eletrodos registravam os sinais dos neurônios de Jan quando ela pensava em mexer o braço. Essas correntes elétricas eram então transmitidas ao robô e sinalizavam para que o braço do robô se mexesse. Apenas duas semanas depois da cirurgia, Jan era capaz de mexer seu braço novo e logo depois estava se alimentando sozinha.

Jan era uma mulher ambiciosa e, assim, depois de alguns anos, decidiu que queria mais, muito mais. Seu novo objetivo era pilotar um jato de combate – com o cérebro. Apenas três anos depois do implante, Jan controlava com perfeição um F-35 e um monomotor Cessna em um simulador de voo como parte de um projeto da Darpa (Agência de Projetos de Pesquisa Avançada de Defesa – Defense Advanced Research Projects Agency). Nas palavras do diretor da Darpa, Arati Prabhakar, "Agora podemos ver um futuro em que conseguiremos libertar o cérebro das limitações do corpo humano".[20]

Se podemos mexer um braço robótico com o pensamento, será que podemos mexer a mão de outra pessoa também com nossa mente? Na verdade, depois da transmissão camundongo a camundongo, da transmissão humano para rato e da transmissão humano para máquina, veio uma demonstração de transmissão de um humano para outro. Aqui, novamente, o EEG foi usado para registrar sinais de um voluntário – desta vez, enquanto o voluntário pensava em mexer a própria mão. Este sinal foi então transferido ao computador e transmitido pela internet. Depois de chegar a seu destino, foi convertido em um sinal magnético. Pequenos pulsos eletromagnéticos foram então transmitidos a uma segunda pessoa através de seu couro cabeludo por um aparelho chamado EMT (estimulação magnética transcraniana). Esses pulsos magnéticos despertaram uma reação neural e *voilà* – o dedo da pessoa de imediato se mexeu, sem que ela o desejasse conscientemente.[21]

O que podemos aprender com Einstein ensinando Homer que botão apertar através dos fios que conectam seus cérebros e com um homem que mexe o dedo de outro com o pensamento, é que mudar o comportamento é alterar o padrão de ativação neural no cérebro de uma pessoa. Mas se encontrarmos um jeito de influenciar diretamente a atividade cerebral, será que estaremos inerentemente alterando a mente? E será que um dia conseguiremos alterar opiniões e crenças conectando cérebros?

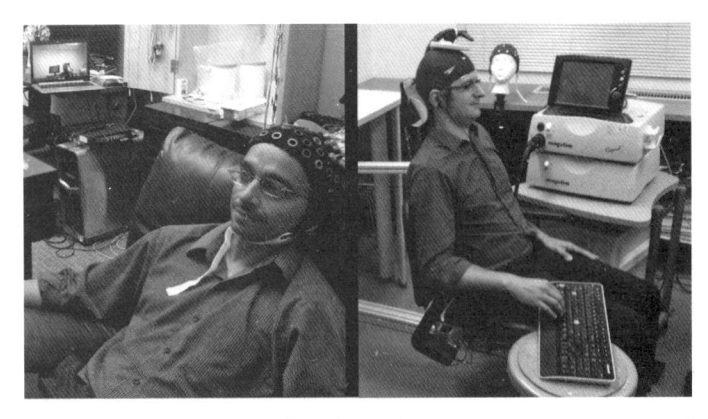

Figura 9.3 – *A pessoa à esquerda está usando os pensamentos para mexer o dedo do outro (crédito: Universidade de Washington).*[22]

Sua mente em meu corpo?

As emoções estavam exaltadas em uma noite de segunda-feira na London School of Economics. O sangue subia ao rosto dos oradores no palco; membros da plateia elevavam a voz; e expressões nada educadas eram pronunciadas por todos. Se eu perguntasse, você provavelmente suporia que o tema da discussão no auditório lotado era o estado do desemprego, ou a desigualdade, ou as eleições próximas. Você estaria enganado. A questão que agitava centenas de pessoas era "O que o cérebro pode nos dizer a respeito da mente?"

A meu lado no painel sentava-se um professor emérito de filosofia de Oxford. Tinha passado os vinte minutos anteriores usando a palavra "absurdo" para descrever o trabalho dos maiores neurocientistas de nossa época, inclusive dois prêmios Nobel. Quando chegou minha vez de falar, eu disse algo parecido com "Estou interessada em como o cérebro computa o valor das opções diante de nós". Parecia-me uma declaração nada controversa. Mas eu estava completamente equivocada. O professor de filosofia pulou da cadeira e apontou o dedo para mim. "Mas não é seu cérebro que está computando as opções! É *você* que está computando as opções." "Mas eu sou o meu cérebro", respondi. "Não, você não é", insistiu ele. "Você é seus braços e suas pernas... tudo isso é você."

É verdade: eu sou meus braços, minhas pernas, os pulmões, coração *e* meu cérebro. Também é verdade que se você afetar qualquer um de meus outros órgãos, consequentemente estará afetando meu cérebro. Dê um soco em meu braço e meu cérebro vai sinalizar a dor; coloque gelo em minha perna e meu cérebro criará a sensação de frio; insira uma faca em meu coração e meu cérebro por fim vai parar completamente de funcionar. O contrário também se sustenta: altere a função de meu cérebro e você poderá mudar a função de partes de meu corpo – o cérebro controla todas elas.

Entretanto, se você decepar minhas pernas, ainda assim, essencialmente, eu serei eu. Se você transplantar o coração do professor emérito para meu corpo, eu ainda serei muito eu. Com o coração dele no corpo, eu ainda teria uma forte preferência por tortinhas de cream cheese e salmão defumado, um amor pela corrida e uma paixão pela compreensão do comportamento humano. Se, porém, você transplantasse o cérebro do filósofo para meu corpo, eu me veria usando paletó xadrez e falando com um elegante sotaque britânico. Não poderia reconhecer meus filhos e teria ideias muito diferentes do que faz de mim essencialmente eu.

Tumores cerebrais, lesões na cabeça e substâncias químicas que encontram seu caminho para o cérebro podem mudar drasticamente quem você é. As lesões físicas no cérebro podem alterar completamente seus pensamentos, sentimentos, lembranças e personalidade. Por exemplo, remova cirurgicamente seus hipocampos e você será incapaz de criar novas lembranças de sua vida[23] ou insira uma grande haste de metal por seus lobos frontais e você se tornará implosivo e antissocial.[24] Seu cérebro cria sua mente e, mudando o cérebro, você mudará a mente.

Talvez um dia venhamos a afetar os atos e pensamentos dos outros alterando diretamente a atividade neural no cérebro de cada um. Assim como os neurônios em meu cérebro afetam outros neurônios em meu cérebro – alterando as *minhas* lembranças, *meus* valores e atos – eles podem alterar diretamente a ativação de neurônios em seu cérebro – mudando as *suas* lembranças, *seus* valores e atos. Os pensamentos, como a ideia de conquistar a Lua ou dar voz a introvertidos, são essencialmente sinais eletroquímicos em nosso cérebro. Estes sinais podem ser registrados, podem ser transmitidos e podem ser interpretados, e assim, em princípio, talvez seja possível afetar os pensamentos do outro desta maneira. É claro que, para que isto aconteça, precisaremos de uma compreensão muito mais precisa do complexo circuito de neurônios no cérebro humano e como sua função integra os pensamentos e o comportamento. Essa compreensão, se for possível, está em um futuro muito distante.

* * *

Embora você ainda não possa alterar a atividade cerebral de outra pessoa de forma direta, ainda assim a altera. Simplesmente usa a linguagem, as expressões e as ações para tanto. Uma compreensão mais profunda de como a mente e o cérebro funcionam pode, portanto, nos ajudar a criar impacto e evitar erros sistemáticos quando tentamos mudar os outros. Grande parte de nossos instintos sobre a influência – de insistir que o outro está errado para tentar exercer controle – é ineficaz porque é incompatível com o funcionamento da mente.

Uma tentativa de mudar terá sucesso se for combinada com os elementos fundamentais que regem o funcionamento de nosso cérebro. O objetivo deste livro foi mapear estes fatores – prévias, emoção, incentivos, instrumentalidade, curiosidade, estado e os outros – e como eles nos afetam. Os princípios biológicos, regras de comportamento e teorias psicológicas podem ser de difícil recordação. Mas histórias, tramas e personagens grudam em sua mente; proporcionam um relato emocional nítido que você pode entender e resgatar com facilidade. Da próxima vez que você encontrar uma placa dizendo "Funcionários: lavem as mãos!", lembre-se de que a recompensa imediata funciona melhor do que as ameaças para motivar as pessoas à ação. Da próxima vez que regar suas plantas, lembre-se de que entregar o controle é um instrumento mais poderoso para influenciar do que dar ordens. Da próxima vez que ouvir uma instrução de segurança pré-voo, lembre-se do poder de estruturar uma mensagem para destacar a possibilidade de progresso, em vez da catástrofe, para conseguir que as pessoas prestem atenção. Minha esperança é que as personagens deste livro e as histórias que elas contam venham a viver felizes no fundo de sua mente, levantando a cabeça ocasionalmente, quando for o momento certo.

APÊNDICE

O Cérebro Influente

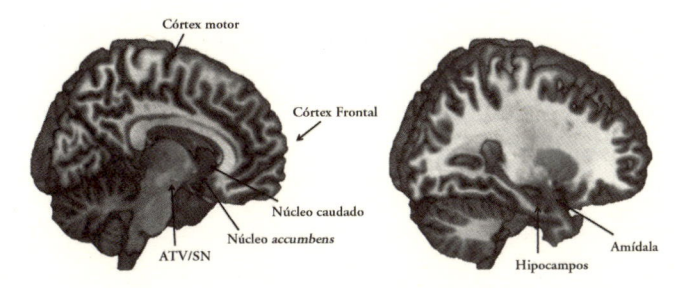

A maquinaria da mente *(figura cortesia de Caroline Charpentier)* À mostra aqui, estão cortes sagitais do cérebro. É o que vemos dentro de nosso cérebro se o cortamos do alto da cabeça ao pescoço. O corte da esquerda foi feito próximo do meio da cabeça e o da direita é um corte a meio caminho entre o meio da cabeça e a lateral dela. Em destaque, estão algumas regiões fundamentais que formam as redes neurais discutidas no livro.

O cérebro humano consiste em regiões interconectadas que, juntas, produzem ações, pensamentos e crenças. Afetar um nó em um sistema de regiões conectadas vai alterar outros nós, mudando o que as pessoas fazem e no que acreditam. Estas são algumas das regiões fundamentais discutidas no livro:

Área tegmental ventral/substância negra (ATV/SN): Estas estruturas na região mediana do cérebro abrigam neurônios dopaminérgicos que sinalizam expectativas de recompensas. Os neurônios se ativam mais quando recebemos uma recompensa inesperada e menos quando uma recompensa é inesperadamente negada. Os neurônios aqui se projetam para partes do corpo estriado, uma estrutura no fundo do cérebro.

Núcleo accumbens: O núcleo accumbens faz parte do corpo estriado e recebe sinais de neurônios dopaminérgicos na ATV/SN. A região às vezes é chamada de centro de recompensa do cérebro, por ser fundamental para sinalizar a expectativa de recompensas.

Amídala: A amídala é importante para o processamento e a sinalização das emoções e da excitação. Tem conexões com um grande número de outras regiões e isto permite que as emoções modulem muitas funções, como a memória, a percepção e a atenção.

Hipocampo: O hipocampo, no lobo temporal medial, é importante para a memória. Fica bem ao lado da amídala, que permite que as emoções alterem de forma significativa nossas recordações.

Córtex frontal: Áreas no córtex frontal (também chamadas de "lobos frontais") são importantes para funções cognitivas superiores, como o planejamento e o raciocínio. Partes do córtex frontal também têm um importante papel na regulação de nossas emoções, alterando a atividade da amídala.

Córtex motor: O córtex motor é importante para induzir a ação. Também recebe sinais com origem na ATV/SN e sinais do corpo estriado.

Notas

Prólogo

1. http://cnnpressroom.blogs.cnn.com/2015/09/16/cnn-reagan-library-debate-later-debate-full-transcript/.
2. Diana I. Tamir e Jason P. Mitchell, "Disclosing Information About the Self Is Intrinsically Rewarding", *Proceedings of the National Academy of Sciences* 109, nº 21 (2012).
3. https://en.wikipedia.org/wiki/Climate_change_opinion_by_country.

Capítulo 1. (Prévias) As provas mudam as crenças?

1. Ver E. Berscheid, K. Dion, E. Hatfield e G. W. Walster, "Physical Attractiveness and Dating Choice: A Test of the Matching Hypothesis", *Journal of Experimental Social Psychology* 7 (1971): 173-89. T. Bouchard Jr. e M. McGue, "Familial Studies of Intelligence: A Review", *Science* 212 (29 de maio de 1981): 1055-59. D. M. Buss, "Human Mate Selection", *American Scientist* 73 (1985): 47-51; S. G. Vandenberg, "Assortative Mating, or Who Marries Whom?", *Behavior Genetics* 11 (1972): 1-21.
2. Martha McKenzie-Minifie, "Where Would You Live in Europe?", *EUobserver*, dezembro de 2014.
3. internetstatslive.com.
4. Charles G. Lord, Lee Ross e Mark R. Lepper. "Biased Assimilation and Attitude Polarization: The Effects of Prior Theories on Subsequently Considered Evidence", *Journal of Personality and Social Psychology* 37, nº 11 (novembro de 1979): 2098-2109.
5. J. W. McHoskey, "Case Closed? On the John F. Kennedy Assassination: Biased Assimilation of Evidence and Attitude Polarization", *Basic and Applied Social Psychology* 1 (1985): 395-409; G. D. Munro, S. P. Leary e T. P. Lasane, "Between a Rock and a Hard Place: Biased Assimilation of Scientific Information in the Face of Commitment", *North American Journal of Psychology* 6

(2004): 431-44; Guy A. Boysen e David L. Vogel, "Biased Assimilation and Attitude Polarization in Response to Learning about Biological Explanations of Homosexuality", *Sex Roles* 57, n°s 9-10 (2007): 755-62.
6. Cass R. Sunstein, S. Bobadilla-Suarez, S. Lazzaro e Tali Sharot, "How People Update Beliefs About Climate Change: Good News and Bad News", *Cornell Law Review* (2017); Tali Sharot e Cass R. Sunstein, "Why Facts Don't Unify Us", *New York Times*, 2 de setembro de 2016.
7. Sharot e Sunstein, "Why Facts Don't Unify Us".
8. Albert Henry Smyth, *The Writings of Benjamin Franklin,* vol. 10, *1789-1790* (Nova York: Macmillan, 1907), p. 69; Daniel Defoe, *The Political History of the Devil* (Joseph Fisher, 1739).
9. Amy Hollyfield, "For True Disbelievers, the Facts Are Just Not Enough", *St. Petersburg Times,* 29 de junho de 2008.
10. Pesquisa de opinião realizada por Daily Kos, por Research 2000, julho de 2009.
11. NBC News, 2010.
12. Dave Asprey, "Recipe: How to Make Bulletproof Coffee... and Make Your Morning Bulletproof Too", 2010, https://www.bulletproofexec.com.
13. Kris Gunnars, "Three Reasons Why Bulletproof Coffee Is a Bad Idea", Authority Nutrition; https://authoritynutrition.com/3-reasons-why-bulletproof--coffee-is-a-bad-idea/.
14. Danny Sullivan, "Google Now Notifies of 'Search Customization' and Gives Searchers Control", 2008, http://searchengineland.com/google-now-notifies--of-search-customization-gives-searchers-control-14485.
15. Ibid.
16. Peter C. Wason, "On the Failure to Eliminate Hypotheses in a Conceptual Task", *Quarterly Journal of Experimental Psychology*, 12, nº 3 (1960): 129-40.
17. D. M. Kahan, E. Peters, E. C. Dawson e P. Slovic, "Motivated Numeracy and Enlightened Self-Government", Faculdade de Direito de Yale, documento de trabalho nº 307 (2013).
18. Hugo Mercier e Dan Sperber, "Why Do Humans Reason? Arguments for an Argumentative Theory", *Behavioral and Brain Sciences* 34, nº 2 (2011): 57-74.
19. Andreas Kappes, Read Montague, Ann Harvey, Terry Lohrenz e Tali Sharot, "Motivational Blindness in Financial Decision-Making", reunião anual de 2014 da Sociedade de Neuroeconomia, Miami, Flórida.
20. Sarah Rudorf, Bernd Weber e Camelia M. Kuhnen, "Stock Ownership and Learning from Financial Information", reunião de 2014 da Sociedade de Neuroeconomia, Miami, Flórida.

21. A. J. Wakefield, S. H. Murch, A. Anthony et al., "Retracted: Ileal-Lymphoid--Nodular Hyperplasia, Non-Specific Colitis, and Pervasive Developmental Disorder in Children", *Lancet* 351, nº 9103 (1998): 637–41.
22. Susan, Dominus, "The Crash and Burn of an Autism Guru", *New York Times*, 20 de abril de 2011.
23. F. Godlee, J. Smith e H. Marcovitch, "Wakefield's Article Linking MMR Vaccine and Autism Was Fraudulent", *BMJ* 342 (2011): C7452.
24. Z. Horne, D. Powell, J. E. Hummel e K. J. Holyoak, "Countering Anti-vaccination Attitudes", *Proceedings of the National Academy of Sciences* 112, nº 33 (2015): 10321–24.

Capítulo 2. (Emoção) Como fomos convencidos a ir à lua

1. "John F. Kennedy Moon Speech–Rice Stadium", NASA, http://er.jsc.nasa.gov/seh/ricetalk.htm.
2. https://en.wikipedia.org/wiki/We_choose_to_go_to_the_Moon
http://gizmodo.com/5805457/kennedys-crazy-moon-speech-and-how-we--could-have-landed-on-the-moon-with-the-soviets
http://www.space.com/11774-jfk-speech-moon-exploration-kennedy--congress-50years.html
http://www.space.com/17547-jfk-moon-speech-50years-anniversary.html
https://www.nasa.gov/vision/space/features/jfk_speech_text.html#.Vx06MXo-XLnY
3. "John F. Kennedy Moon Speech."
4. https://www.nasa.gov/vision/space/features/jfk_speech_text.html#.Vx06MXo-XLnY
5. Susan Cain, *Quiet: The Power of Introverts in a World That Can't Stop Talking* (Nova York: Broadway Books, 2013). https://www.ted.com/talks/susan_cain_the_power_of_introverts?language=en.
6. R. Schmälzle, F. E. Häcker, C. J. Honey e U. Hasson, "Engaged Listeners: Shared Neural Processing of Powerful Political Speeches", *Social Cognition and Affective Neuroscience* 10, nº 8 (agosto de 2015): 1137–43.
7. U. Hasson, Y. Nir, I. Levy, G. Fuhrmann e R. Malach, (2004) "Intersubject Synchronization of Cortical Activity During Natural Vision", *Science* 303 (2014): 1634–40.
8. Lauri Nummenmaa et al., "Emotions Promote Social Interaction by Synchronizing Brain Activity Across Individuals", *Proceedings of the National Academy of Sciences* 109, nº 24 (2012): 9599–9604.
9. U. Hasson, A. A. Ghazanfar, B. Galantucci, S. Garrod e C. Keysers, "Brain--to-Brain Coupling: Mechanism for Creating and Sharing a Social World", *Trends in Cognitive Sciences* 16, nº 2 (2012):114–21.

10. U. Hasson, "I Can Make Your Brain Look Like Mine", *Harvard Business Review* 88 (2010): 32–33.
11. G. J. Stephens, L. J. Silbert e U. Hasson, "Speaker-Listener Neural Coupling Underlies Successful Communication", *Proceedings of the National Academy of Sciences* 107, nº 32 (2010): 14425–30.
12. Lauri Nummenmaa, "Emotional Speech Synchronizes Brains Across Listeners and Engages Large-Scale Dynamic Brain Networks", *Neuroimage* 102 (2014): 498–509. Nummenmaa, "Emotions Promote Social Interaction by Synchronizing Brain Activity Across Individuals".
13. L. Nummenmaa, J. Hirvonen, R. Parkkola e J. K. Hietanen, "Is Emotional Contagion Special? An fMRI Study on Neural Systems for Affective and Cognitive Empathy", *Neuroimage* 43, nº 3 (2008), 571–80; S. G. Shamay--Tsoory, "The Neural Bases for Empathy", *Neuroscientist* 17, nº 1 (2011): 18–24.
14. S. F. Waters, T. V. West e W. B. Mendes, "Stress Contagion Physiological Covariation Between Mothers and Infants", *Psychological Science* 25, nº 4 (2014): 934–42.
15. A. D. Kramer, J. E. Guillory e J. T. Hancock, "Experimental Evidence of Massive-Scale Emotional Contagion Through Social Networks", *Proceedings of the National Academy of Sciences* 111, nº 24 (2014): 8788–90.
16. E. Ferrara e Z. Yang, "Measuring Emotional Contagion in Social Media", *PLoS One* 10, nº 11 (2015): e0142390.
17. https://backchannel.com/this-is-your-brain-on-twitter-cac0725cea2b#.c6mw7aqfc
18. D. Kahneman, *Thinking, Fast and Slow* (Nova York: Macmillan, 2011).
19. S. G. Barsade, "The Ripple Effect: Emotional Contagion and Its Influence on Group Behavior", *Administrative Science Quarterly* 47, nº 4 (2002), 644–75.
20. S. V. Shepherd, S. A. Steckenfinger, U. Hasson e A. A. Ghazanfar, "Human--Monkey Gaze Correlations Reveal Convergent and Divergent Patterns of Movie Viewing", *Current Biology* 20 (2010): 649–56.
21. P. J. Whalen, J. Kagan, R. G. Cook et al., "Human Amygdala Responsivity to Masked Fearful Eye Whites", *Science* 306, nº 5704 (2004): 2061.

Capítulo 3. (Incentivos) Você deve induzir as pessoas à ação pelo medo?

1. "Surveillance for Foodborne Disease Outbreaks–United States, 1998–2008", *Morbidity and Mortality Weekly Report* 62, nº SS2 (junho de 2013); Dana Liebelson, "62 Percent of Restaurant Workers Don't Wash Their Hands After Handling Raw Beef", *Mother Jones,* 13 de dezembro de 2013.

2. Donna Armellino, et al. "Using High-Technology to Enforce Low-Technology Safety Measures: The Use of Third-Party Remote Video Auditing and Real-Time Feedback in Healthcare", *Clinical Infectious Diseases* (2011): cir773; Laura R. Green et al., "Food Worker Hand Washing Practices: An Observation Study", *Journal of Food Protection* 69, nº 10 (2006): 2417–23.
3. Carl P. Borchgrevink, Jaemin Cha e SeungHyun Kim, "Hand Washing Practices in a College Town Environment", *Journal of Environmental Health* 75, nº 8 (2013): 18–24.
4. Donna Armellino, et al., "Using High-Technology to Enforce Low-Technology Safety Measures".
5. Donna Armellino, et al. "Replicating Changes in Hand Hygiene in a Surgical Intensive Care Unit with Remote Video Auditing and Feedback", *American Journal of Infection Control* 41, nº 10 (2013): 925–27.
6. Jeremy Bentham, *An Introduction to the Principles of Morals and Legislation* (Oxford: Clarendon Press, 1879); os grifos na segunda frase são meus.
7. Wayne A. Hershberger, "An Approach Through the Looking-Glass", *Animal Learning & Behavior* 14, nº 4 (1986): 443–51.
8. Marc Guitart-Masip, et al., "Action Controls Dopaminergic Enhancement of Reward Representations", *Proceedings of the National Academy of Sciences* 109, nº 19 (2012): 7511–16.
9. Ibid.
10. Alexander Genevsky e Brian Knutson, "Neural Affective Mechanisms Predict Market-Level Microlending", *Psychological Science* 26, nº 9 (2015): 1411–1422.
11. S. H. Bracha, "Freeze, Flight, Fight, Fright, Faint: Adaptationist Perspectives on the Acute Stress Response Spectrum", *CNS Spectrums* 9, nº 9 (2004): 679–85; S. M. Korte, M. K. Jaap, J. C. Wingfield e B. S. McEwen, "The Darwinian Concept of Stress: Benefits of Allostasis and Costs of Allostatic Load and the Trade-Offs in Health and Disease", *Neuroscience and Biobehavioral Reviews* 29, nº 1 (2005): 3–38.
12. A. E. Power e J. L. McGaugh, "Cholinergic Activation of the Basolateral Amygdala Regulates Unlearned Freezing Behavior in Rats", *Behavioural Brain Research* 134, nºs 1–2 (agosto de 2002): 307–15.
13. Walter Mischel, Yuichi Shoda e Philip K. Peake, "The Nature of Adolescent Competencies Predicted by Preschool Delay of Gratification", *Journal of Personality and Social Psychology* 54, nº 4 (1988): 687.
14. Joseph W. Kable e Paul W. Glimcher, "An 'As Soon as Possible' Effect in Human Intertemporal Decision Making: Behavioral Evidence and Neural Mechanisms", *Journal of Neurophysiology* 103, nº 5 (2010): 2513–31.
15. Walter Mischel, Yuichi Shoda e Monica I. Rodriguez, "Delay of Gratification in Children", *Science* 244, nº 4907 (1989): 933–38.

16. Tali Sharot, *The Optimism Bias: A Tour of the Irrationally Positive Brain* (Nova York: Vintage, 2011) [Ed. bras.: *O viés otimista: Por que somos programados para ver o mundo pelo lado positivo*. Rio de Janeiro: Rocco, 2016.]; Matthew D. Lieberman, *Social: Why Our Brains Are Wired to Connect* (Nova York: Oxford University Press, 2013).
17. Celeste Kidd, Holly Palmeri e Richard N. Aslin, "Rational Snacking: Young Children's Decision-Making on the Marshmallow Task Is Moderated by Beliefs About Environmental Reliability", *Cognition* 126, n⁰ 1 (2013): 109–14.

CAPÍTULO 4. (INSTRUMENTALIDADE) COMO OBTER PODER PELO ABANDONO

1. http://www.cdc.gov/nchs/fastats/leading-causes-of-death.htm.
2. http://www.fearof.net.
3. R. L. Langley, "Animal-Related Fatalities in the United States: An Update", *Wilderness and Environmental Medicine* 16 (2005): pp. 67–74.
4. Mark Borden, "Hollywood's Rogue Mogul: How Terminator Director McG Is Blowing Up the Movie Business", *Fast Company Magazine*, maio de 2009.
5. http://theweek.com/articles/462449/odds-are-11-million-1-that-youll-die-plane-crash.
6. Borden, "Hollywood's Rogue Mogul".
7. http://fortune.com/2016/04/29/tax-evasion-cost.
8. C. P. Lamberton, J. E. De Neve e M. I. Norton, "Eliciting Taxpayer Preferences Increases Tax Compliance", documento de trabalho, 2014; disponível em SSRN 2365751.
9. L. A. Leotti, S. S. Iyengar e K. N. Ochsner, "Born to Choose: The Origins and Value of the Need for Control", *Trends in Cognitive Sciences* 14, n⁰ 10 (2010), 457–63.
10. L. A. Leotti e M. R. Delgado, "The Inherent Reward of Choice", *Psychological Science* 22, n⁰ 10 (2011): 1310–18, doi.org/10.1177/0956797611417005. L. A. Leotti e M. R. Delgado, "The Value of Exercising Control over Monetary Gains and Losses", *Psychological Science* 25, n⁰ 2 (2014): 596–604, doi.org/10.1177/0956797613514589.
11. N. J. Bown, D. Read e B. Summers, "The Lure of Choice", *Journal of Behavioral Decision Making* 16, n⁰ 4 (2003): 297.
12. Stephen C. Voss e M. J. Homzie, "Choice as a Value", *Psychological Reports* 26, n⁰ 3 (1970): 912–14.
13. A. C. Catania e T. Sagvolden, "Preference for Free Choice Over Forced Choice in Pigeons", *Journal of the Experimental Analysis of Behavior* 34, n⁰ 1 (1980): 77–86; A. C. Catania, "Freedom of Choice: A Behavioral Analysis", *Psychology of Learning and Motivation* 14 (1981): 97–145.

14. Bown et al., "Lure".
15. Sheena S. Iyengar e Mark R. Lepper, "When Choice Is Demotivating: Can One Desire Too Much of a Good Thing?", *Journal of Personality and Social Psychology* 79, nº 6 (2000): 995.
16. http://www.onemint.com/.
17. http://www.thedigeratilife.com/blog/index.php/2009/04/28/pick-stocks--choosing-individual-stocks-mutual-funds/.
18. Laurent Barras, Olivier Scaillet e Russ Wermers, "False Discoveries in Mutual Fund Performance: Measuring Luck in Estimated Alphas", *Journal of Finance* 65, nº 1 (2010): 179-216.
19. D. Owens, Z. Grossman e R. Fackler, "The Control Premium: A Preference for Payoff Autonomy", *American Economic Journal: Microeconomics* 6, nº 4 (2014): 138-61, doi.org/10.1257/mic.6.4.138.
20. Sebastian Bobadilla-Suarez, Cass R. Sunstein e Tali Sharot, "The Intrinsic Value of Control: The Propensity to Under-Delegate in the Face of Potential Gains and Losses", *Journal of Risk and Uncertainty*.
21. D. H. Shapiro Jr., C. E. Schwartz e J. A. Astin, "Controlling Ourselves, Controlling Our World: Psychology's Role in Understanding Positive and Negative Consequences of Seeking and Gaining Control", *American Psychologist* 51, nº 12 (1996): 1213.
22. Ibid.
23. Judith Rodin e Ellen J. Langer, "Long-Term Effects of a Control-Relevant Intervention with the Institutionalized Aged", *Journal of Personality and Social Psychology* 35, nº 12 (1977): 897.
24. Michael I. Norton, Daniel Mochon e Dan Ariely, "The 'IKEA Effect': When Labor Leads to Love", Harvard Business School Marketing Unit, documento de trabalho 11-091 (2011).
25. Raphael Koster et al., "How Beliefs About Self-Creation Inflate Value in the Human Brain", *Frontiers in Human Neuroscience* 9 (2015).
26. http://www.ted.com/talks/daniel_wolpert_the_real_reason_for_brains.
27. E. A. Patall, H. Cooper e J. C. Robinson, "The Effects of Choice on Intrinsic Motivation and Related Outcomes: A Meta-Analysis of Research Findings", *Psychological Bulletin* 134, nº 2 (2008): 270.

Leituras complementares

Sharot, T., B. De Martino e R. J. Dolan. "How Choice Reveals and Shapes Expected Hedonic Outcome", *Journal of Neuroscience* 29, nº 12 (2009): 3760-65. doi.org/10.1523/JNEUROSCI.4972-08.2009.

Sharot, T., T. Shiner e R. J. Dolan. "Experience and Choice Shape Expected Aversive Outcomes", *Journal of Neuroscience* 30, nº 27 (2010): 9209–15. doi.org/10.1523/JNEUROSCI.4770-09.2010.

Sharot, T., C. M. Velasquez e R. J. Dolan. "Do Decisions Shape Preference? Evidence From Blind Choice", *Psychological Science* 21, nº 9 (2010): 1231–35. doi.org/10.1177/0956797610379235.

Thompson, Suzanne C. "Illusions of Control: How We Overestimate Our Personal Influence", *Current Directions in Psychological Science* 8, nº 6 (1999): 187–90.

Langer, E. e J. Rodin. "The Effects of Choice and Enhanced Personal Responsibility for the Aged: A Field Experiment in an Institutional Setting", *Journal of Personality and Social Psychology* 34 (1976): 191–98.

Schulz, Richard. "Effects of Control and Predictability on the Physical and Psychological Well-Being of the Institutionalized Aged", *Journal of Personality and Social Psychology* 33, nº 5 (1976): 563.

Cockburn, Jeffrey, Anne G. E. Collins e Michael J. Frank. "A Reinforcement Learning Mechanism Responsible for the Valuation of Free Choice", *Neuron* 83, nº 3 (2014): 551–57.

Capítulo 5. (Curiosidade) O que as pessoas realmente querem saber?

1. https://digitalsynopsis.com/advertising/virgin-america-safety-dance-video/.
2. Ed Felten, "Harvard Business School Boots 119 Applicants for 'Hacking' into Admissions Site", *Freedom to Tinker*, 9 de março de 2005; https://freedom-to-tinker.com/2005/03/09/harvard-business-school-boots-119-applicants-hacking-admissions-site/. Jay Lindsay, "College Admissions Sites Breached: Business Schools Reject Applicants Who Sought Sneak Peek", Associated Press, 9 de março de 2005.
3. Yael Niv e Stephanie Chan, "On the Value of Information and Other Rewards", *Nature Neuroscience* 14, nº 9 (2011): 1095.
4. Ibid.
5. Ethan S. Bromberg-Martin e Okihide Hikosaka, "Midbrain Dopamine Neurons Signal Preference for Advance Information About Upcoming Rewards", *Neuron* 63, vol. 1 (2009): 119–26; Ethan S. Bromberg-Martin e Okihide Hikosaka, "Lateral Habenula Neurons Signal Errors in the Prediction of Reward Information", *Nature Neuroscience* 14, nº 9 (2011): 1209–16.
6. R. L. Bennett, *Testing for Huntington Disease: Making an Informed Choice* Medical Genetics (Seattle: University of Washington Medical Center).
7. Bettina Meiser e Stewart Dunn, "Psychological Impact of Genetic Testing for Huntington's Disease: An Update of the Literature", *Journal of Neurology, Neurosurgery and Psychiatry* 69, nº 5 (2000): 574–78.

8. Andrew Caplin e Kfir Eliaz, "AIDS Policy and Psychology: A Mechanism-Design Approach", *RAND Journal of Economics* 34, nº 4 (2003): 631–46.
9. C. Lerman, C. Hughes, S. Lemon *et al.*, "What You Don't Know Can Hurt You: Adverse Psychological Effects in Members of BRCA1-Linked and BRCA2-Linked Families Who Decline Genetic Testing", *Journal of Clinical Oncology* 16 (1998): 1650–54.
10. Karlsson, Niklas, George Loewenstein e Duane Seppi, "The Ostrich Effect: Selective Attention to Information", *Journal of Risk and Uncertainty* 38, nº 2 (2009): 95–15.
11. Ibid.
12. Emily Oster, Ira Shoulson e E. Dorsey, "Optimal Expectations and Limited Medical Testing: Evidence from Huntington Disease", *American Economic Review* 103, nº 2 (2013): 804–30.
13. James R. Averill e Miriam Rosenn, "Vigilant and Nonvigilant Coping Strategies and Psychophysiological Stress Reactions During the Anticipation of Electric Shock", *Journal of Personality and Social Psychology* 23, nº 1 (1972): 128.
14. Paige Weaver, "Don't Torture Yourself", *Paige Weaver* (blog), 20 de abril de 2013.
15. Kristin Cashore, *This Is My Secret* (blog), 2008.
16. http://www.thesmokinggun.com/documents/crime/dick-cheneys-suite-demands.

Leituras Complementares

Zentall, Thomas R. e Jessica Stagner. "Maladaptive Choice Behaviour by Pigeons: An Animal Analogue and Possible Mechanism for Gambling (Sub-Optimal Human Decision-Making Behaviour)", *Proceedings of the Royal Society B: Biological Sciences* 278, nº 1709 (2011): 1203–08.
Babu, Deepti. "Is Access to Predictive Genetic Testing for Huntington's Disease a Problem?", *HD Buzz*, 23 de abril de 2013.
Blanchard, Tommy C., Benjamin Y. Hayden e Ethan S. Bromberg-Martin. "Orbitofrontal Cortex Uses Distinct Codes for Different Choice Attributes in Decisions Motivated by Curiosity", *Neuron* (22 de janeiro de 2015).

Capítulo 6. (Estado) O que acontece com a mente sob ameaça?

1. David K. Shipler, "More Schoolgirls in West Bank Fall Sick", *New York Times*, 4 de abril de 1983.
2. Robert Sapolsky, *Stress and Your Body* (The Great Courses, 2013).

3. Neil Garrett, Ana María González-Garzón, Lucy Foulkes, Liat Levita e Tali Sharot, "Updating Beliefs Under Threat". No prelo.
4. Anne Ball... http://learningenglish.voanews.com/a/paris-terrorist-attack--causes-fear-worldwide/3063741.html.
5. http://www.pressreader.com/.
6. Avinash Kunnath, "Jeff Tedford: Where Things Went Wrong", http://www.pacifictakes.com/cal-bears/2012/11/16/3648578/jeff-tedford-california--golden-bears-head-coach-history.
7. Ibid.
8. Ibid.
9. Avinash Kunnath, "Coach Tedford the Playcaller: Part I", http://www.californiagoldenblogs.com/2009/4/7/824135/coach-tedford-the-playcaller--part-i.
10. Brian Burke, "Are NFL Coaches Too Timid?", http://archive.advancedfootballanalytics.com/2009/05/are-nfl-coaches-too-timid.html.
11. Chris Brown, "Smart Football", http://smartfootball.blogspot.com/2009/02/conservative-and-risky-football.html.
12. Greg Garber, "Chang Refused to Lose Twenty Years Ago", ESPN.com, 20 de maio de 2009.
13. Ibid.
14. Steven Pye, "How Michael Chang Defeated Ivan Lendl at the French Open in 1989", *Guardian*, http://www.theguardian.com/sport/that-1980s-sportsblog/2013/may/21/michael-chang-ivan-lendl-french-open-1989.
15. Paul Gittings, "Chang's 'Underhand' Tactics Stunned Lendl and Made Tennis History", CNN, http://edition.cnn.com/2012/06/08/sport/tennis/tennis-chang-underhand-service-french-open-lin/index.html.
16. Ibid.
17. Pye, "How Michael Chang Defeated Ivan Lendl at the French Open in 1989".
18. Gittings, "Chang's 'Underhand' Tactics Stunned Lendl and Made Tennis History".
19. Pye, "How Michael Chang Defeated Ivan Lendl at the French Open in 1989".
20. L. Guiso, P. Sapienza e L. Zingales, "Time Varying Risk Reversion", NBER, documento de trabalho nº w19284 (2013); disponível em http://www.nber.org/papers/w19284.
21. R. M. Heilman, L. G. Crişan, D. Houser, M. Miclea e A. C. Miu, "Emotion Regulation and Decision Making Under Risk and Uncertainty", *Emotion* 10 (2010): 257–65.

22. Kenneth T. Kishida et al., "Implicit Signals in Small Group Settings and Their Impact on the Expression of Cognitive Capacity and Associated Brain Responses", *Philosophical Transactions of the Royal Society B: Biological Sciences* 367, nº 1589 (2012): 704-16.
23. Gregory J. Quirk e Jennifer S. Beer, "Prefrontal Involvement in the Regulation of Emotion: Convergence of Rat and Human Studies", *Current Opinion in Neurobiology* 16, nº 6 (2006): 723-27.
24. A. Ross Otto, Stephen M. Fleming e Paul W. Glimcher, "Unexpected but Incidental Positive Outcomes Predict Real-World Gambling", *Psychological Science* (2016): 0956797615618366.

Capítulo 7. (Os outros, parte i) Por que os bebês adoram iPhones?

1. Jeanna Bryner, "Good or Bad, Baby Names Have Long-lasting Effects", *Live Science*, 13 de junho de 2010.
2. Rob Siltanen, "The Real Story Behind Apple's 'Think Different' Campaign", *Forbes*, 14 de dezembro de 2011.
3. Ibid.
4. Albert Bandura, Dorothea Ross e Sheila A. Ross, "Imitation of Film-Mediated Aggressive Models", *Journal of Abnormal and Social Psychology* 66, nº 1 (1963): 3.
5. Caroline J. Charpentier et al., "The Brain's Temporal Dynamics from a Collective Decision to Individual Action", *Journal of Neuroscience* 34, nº 17 (2014): 5816-23.
6. http://www.usatoday.com/story/life/movies/2014/10/06/sideways-killed--merlot/15901489/.
7. Juanjuan, Zhang, "The Sound of Silence: Observational Learning in the U.S. Kidney Market", *Marketing Science* 29, nº 2 (2010): 315-35.
8. Lev Muchnik, Sinan Aral e Sean J. Taylor, "Social Influence Bias: A Randomized Experiment", *Science* 341, nº 6146 (2013): 647-51.
9. Micah Edelson, Tali Sharot, R. J. Dolan e Y. Dudai, "Following the Crowd: Brain Substrates of Long-Term Memory Conformity", *Science* 333, nº 6038 (2011): 108-111.
10. Joseph LeDoux, *The Emotional Brain: The Mysterious Underpinnings of Emotional Life* (Nova York: Simon and Schuster, 1998).
11. Heinrich Klüver e Paul C. Bucy, "Preliminary Analysis of Functions of the Temporal Lobes in Monkeys", *Archives of Neurology and Psychiatry* 42, nº 6 (dezembro de 1939): 979-1000.
12. Kevin C. Bickart et al., "Amygdala Volume and Social Network Size in Humans", *Nature Neuroscience* 14, nº 2 (2011): 163-64.

13. Edelson et al, "Following the Crowd".
14. Micah Edelson, Y. Dudai, R. J. Dolan e Tali Sharot, "Brain Substrates of Recovery from Misleading Influence", *Journal of Neuroscience* 34, nº 23 (2014): 7744–53.
15. Christophe P. Chamley, *Rational Herds: Economic Models of Social Learning* (Cambridge: Cambridge University Press, 2004).
16. Albert Bandura, "Influence of Models' Reinforcement Contingencies on the Acquisition of Imitative Responses", *Journal of Personality and Social Psychology* 1, nº 6 (1965): 589.
17. Kyoko Yoshida et al., "Social Error Monitoring in Macaque Frontal Cortex", *Nature Neuroscience* 15, nº 9 (2012): 1307–12.
18. Wolfram Schultz, Peter Dayan e P. Read Montague, "A Neural Substrate of Prediction and Reward", *Science* 275, nº 5306 (1997): 1593–99.
19. Christopher J. Burke et al., "Neural Mechanisms of Observational Learning", *Proceedings of the National Academy of Sciences* 107, nº 32 (2010): 14431–36.
20. Paul A. Howard-Jones et al., "The Neural Mechanisms of Learning from Competitors", *Neuroimage* 53, nº 2 (2010): 790–99.
21. Rebecca Saxe e Nancy Kanwisher, "People Thinking About Thinking People: The Role of the Temporo-Parietal Junction in 'Theory of Mind'", *Neuroimage* 19, nº 4 (2003): 1835–42.
22. De Martino, Benedetto et al., "In the Mind of the Market: Theory of Mind Biases Value Computation During Financial Bubbles", *Neuron* 79, nº 6 (2013): 1222–1231.

CAPÍTULO 8. (OS OUTROS, PARTE II) O "UNÂNIME" É TÃO TRANQUILIZADOR QUANTO PARECE?

1. "Man Booker Winner's Debut Novel Rejected Nearly Eighty Times", *Guardian,* 14 de outubro de 2015.
2. "Revealed: The Eight-Year-Old Girl Who Saved Harry Potter", *Independent,* 2 de julho de 2005.
3. Ibid.
4. Francis Galton, "Vox Populi (the Wisdom of Crowds)", *Nature* 75 (1907): 450–51.
5. James Surowiecki, *The Wisdom of Crowds* (Nova York: Anchor, 2005).
6. Micah Edelson, Tali Sharot, R. J. Dolan e Y. Dudai, "Following the Crowd: Brain Substrates of Long-Term Memory Conformity", *Science* 333, nº 6038 (2011): 108–11.
7. Julia A. Minson e Jennifer S. Mueller, "The Cost of Collaboration: Why Joint Decision Making Exacerbates Rejection of Outside Information", *Psychological Science* 23, nº 3 (2012): 219–24.

8. Edward Vul e Harold Pashler, "Measuring the Crowd Within Probabilistic Representations Within Individuals", *Psychological Science* 19, nº 7 (2008): 645–47.
9. Ali Mahmoodi *et al.*, "Equality Bias Impairs Collective Decision-Making Across Cultures", *Proceedings of the National Academy of Sciences* 112, nº 12 (2015): 3835–40.
10. Tali Sharot, *The Optimism Bias: A Tour of the Irrationally Positive Brain.* (Nova York: Vintage, 2011). [Ed. bras.: *O viés otimista: Por que somos programados para ver o mundo pelo lado positivo.* Rio de Janeiro: Rocco, 2016.]
11. Michale L. Kalish, Thomas L. Griffiths e Stephan Lewandowsky, "Iterated Learning: Intergenerational Knowledge Transmission Reveals Inductive Biases", *Psychonomic Bulletin & Review* 14, nº 2 (2007): 288–94.
12. Ibid.
13. Ibid.
14. Kalish, "Iterated Learning".
15. Mahmoodi, "Equality Bias".
16. Shane Frederick, "Cognitive Reflection and Decision Making", *Journal of Economic Perspectives* 19, nº 4 (2005): 25–42, doi:10.1257/089533005775196732, recuperado em 1º de dezembro de 2015.
17. Prelec, Drazen, H. Sebastian Seung e John McCoy. *Finding truth even if the crowd is wrong.* Documento de trabalho, MIT, 2013.

Capítulo 9. O futuro da influência?

1. A. Belfer-Cohen e N. Goren-Inbar, "Cognition and Communication in the Levantine Lower Palaeolithic", *World Archaeology* 26 (1994): 144–57, doi: 10.1080/00438243.1994.9980269.
2. F. L. Coolidge e T. Wynn, "Working Memory, Its Executive Functions, and the Emergence of Modern Thinking", *Cambridge Archaeological Journal* 15 (2005): 5–26, doi: 10.1017/S0959774305000016.
3. Peter T. Daniels, "The Study of Writing Systems", in *The World's Writing Systems,* org. William Bright e Peter T. Daniels. (Nova York: Oxford University Press, 1996).
4. Lucien Febvre e Henri-Jean Martin, *The Coming of the Book: The Impact of Printing, 1450–1800,* (Londres: New Left Books, 1976), citado em Benedict Anderson, *Comunidades Imaginadas: Reflexiones Sobre el Origen y la Difusión del Nacionalismo* (México: Fondo de Cultura Económica, 1993).
5. P. K. Bondyopadhyay, "Guglielmo Marconi: The Father of Long Distance Radio Communication–An Engineer's Tribute", 4 de setembro de 1995.

6. "Current Topics and Events", *Nature* 115 (4 de abril de 1925): 505–06, doi:10.1038/115504a0.
7. Mitchell Stephens, "History of Television", *Grolier Encyclopedia*, https://www.nyu.edu/classes/stephens/History%20of%20Television%20page.htm.
8. "The first ISP", Indra.com, 13 de agosto de 1992; arquivado do original em 5 de março de 2016, recuperado em 17 de outubro de 2015.
9. J. Hawks, "How Has the Human Brain Evolved?", *Scientific American* (2013): 6.
10. J. K. Rilling e T. R. Insel, "The Primate Neocortex in Comparative Perspective Using Magnetic Resonance Imaging", *Journal of Human Evolution* 37, nº 2 (1999): 191–223.
11. U. Hasson, A. A. Ghazanfar, B. Galantucci, S. Garrod e C. Keysers, "Brain-to-Brain Coupling: A Mechanism for Creating and Sharing a Social World", *Trends in Cognitive Sciences* 16, nº 2 (2012): 114–21.
12. Miguel Pais-Vieira et al., "A Brain-to-Brain Interface for Real-Time Sharing of Sensorimotor Information", *Scientific Reports* 3 (2013).
13. Ian Sample, "Brain-to-Brain Interface Lets Rats Share Information via Internet", *Guardian*, 1º de março de 2013, https://www.theguardian.com/science/2013/feb/28/brains-rats-connected-share-information.
14. Daniel Engber, "The Neurologist Who Hacked His Brain–and Almost Lost His Mind", *Wired,* 26 de janeiro de 2016, http://www.wired.com/2016/01/phil-kennedy-mind-control-computer/.
15. Ibid.
16. Seung-Schik Yoo et al., "Non-Invasive Brain-to-Brain Interface (BBI): Establishing Functional Links Between Two Brains", *PLoS One* 8, n° 4 (2013): e60410.
17. http://www.extremetech.com/extreme/162678-harvard-creates-brain-to-brain-interface-allows-humans-to-control-other-animals-with-thoughts-alone.
18. Seung-Schik Yoo et al., "Non-Invasive Brain-to-Brain Interface (BBI): Establishing Functional Links Between Two Brains", *PLoS One* 8, nº 4 (2013): e60410.
19. Charles Q. Choi, "Quadriplegic Woman Moves Robot Arm with Her Mind", *Live Science*, 17 de dezembro de 2012, http://www.livescience.com/25600-quadriplegic-mind-controlled-prosthetic.html.
20. https://www.washingtonpost.com/news/speaking-of-science/wp/2015/03/03/a-paralyzed-woman-flew-a-f-35-fighter-jet-in-a-simulator-using-only-her-mind/.
21. Rajesh P. N. Rao et al., "A Direct Brain-to-Brain Interface in Humans", *PLoS One* 9, nº 11 (2014): e111332.

22. Doree Armstrong e Michelle Ma, "Researcher Controls Colleague's Motions in First Human Brain-to-Brain Interface", *UW Today*, 27 de agosto de 2013, http://www.washington.edu/news/2013/08/27/researcher-controls-colleagues-motions-in-1st-human-brain-to-brain-interface/.
23. W. B. Scoville e B. Milner, "Loss of Recent Memory After Bilateral Hippocampal Lesions", *Journal of Neurology, Neurosurgery, and Psychiatry*, 20 de fevereiro, nº 1 (1957): 11–21.
24. J. M. Harlow, "Passage of an Iron Rod Through the Head", *Journal of Neuropsychiatry and Clinical Neurosciences* 11, nº 2 (1999): 281–83.

AGRADECIMENTOS

De muitas formas, a ideia para este livro teve origem nos leitores de meu livro anterior, *O viés otimista: Por que somos programados para ver o mundo pelo lado positivo*. E vários e-mails de leitores queriam saber como minha pesquisa informava como eles deviam se comunicar com os outros: seus filhos, cônjuges, empregados e clientes. Quais eram as implicações para a educação, a política, os negócios e as redes sociais, perguntaram as pessoas. Estas perguntas tiveram ressonância em mim. Na época, eu criava um grupo de pesquisa meu e começava uma nova família, e assim a pergunta de como meu comportamento influenciava os outros – integrantes de minha equipe e meus familiares – estava constantemente em minha mente. Estive estudando o cérebro humano por muitos anos no laboratório, assim comecei a olhar os dados que havia adquirido, e o de meus colegas, procurando insights.

Para as evidências apresentadas neste livro, devo um imenso agradecimento a meus alunos no Affective Brain Lab, que incansavelmente fizeram experiências para entender melhor o comportamento humano. Os estudos apresentados neste livro são o trabalho de Neil Garrett, Caroline Charpentier, Christina Moutsiana, Filip Gesiarz, Sebastian Bobadilla-Suarez, Ana Maria Gonzalez, Stephanie Lazzaro, Raphael Koster e Andreas Kappes. Minha curiosidade em muitas ideias descritas nesta obra foi estimulada por meus geniais colaboradores. Em particular, Micah Edelson, Jan-Emmanuel De Neve, Marc Guitart-Masip, Michael Norton, Benedetto De Martino, Yadin Dudai, Ray Dolan, Ethan

Bromberg-Martin, Bahador Baharami, Drazen Prelec e Cass Sunstein. Micah, Benedetto, Jan, Marc, Andreas, Stephanie e Cass leram gentilmente as primeiras versões deste livro e fizeram comentários elucidativos. Minhas muitas conversas com Cass ajudaram a estruturar o livro em sua forma atual, e por isto sou agradecida. Meus amigos Tamara Shiner e Amir Doron leram e comentaram rascunhos do livro. Amir também me apontou muitas histórias que você pode encontrar nestas páginas.

Minhas excepcionais agentes – Heather Schroder (Compass Talent) e Sophie Lambert (Conville and Walsh) – fizeram o possível e o impossível para garantir que a pesquisa alcançasse os outros. Isto também foi possibilitado por meus editores de texto – Serena Jones (Henry Holt) e Tim Whiting (Little, Brown) –, que, com experiência, talento e paciência repassaram cada versão inicial deste livro até que ele fosse formado. As ilustrações são o trabalho brilhante de Lisa Brennan. O produto final teve forma graças a todos eles.

Apresentei a ideia desta obra pela primeira vez a Tim Whiting duas semanas depois do nascimento de minha filha, Livia. Nos três anos seguintes de redação deste livro, tive o privilégio de testemunhá-la, com seu irmão Leo, que se juntou a nós logo depois, crescendo e se transformando em seres humanos falantes e pensantes. Minhas interações com eles influenciaram meu pensamento e estão entremeadas nesta publicação. Sou imensamente grata por sua presença e seu amor em minha vida. Devo muito a todos os outros que os amam e cuidam deles, influenciando seu caráter de forma positiva. Em particular, meus pais e meus sogros que tocam, cantam e leem, e são exemplos maravilhosos. Meu extraordinário marido, Josh McDermott, esteve presente em cada passo do caminho dando amor, apoio e conselhos. Sempre pude depender dele para conversas motivacionais quando os obstáculos ou dúvidas tomavam a dianteira. Este livro é dedicado a ele.

Impressão e Acabamento:
EDITORA JPA LTDA.